大语言模型
原理、应用与优化

苏之阳 王锦鹏 姜迪 宋元峰◎著

机械工业出版社
CHINA MACHINE PRESS

图书在版编目（CIP）数据

大语言模型：原理、应用与优化 / 苏之阳等著 .
北京：机械工业出版社，2024.9. --（智能系统与技
术丛书）. -- ISBN 978-7-111-76276-8

Ⅰ. TP391

中国国家版本馆 CIP 数据核字第 2024UL1164 号

机械工业出版社（北京市百万庄大街 22 号　邮政编码 100037）
策划编辑：杨福川　　　　　责任编辑：杨福川　陈　洁
责任校对：韩佳欣　李小宝　　责任印制：任维东
河北鹏盛贤印刷有限公司印刷
2024 年 9 月第 1 版第 1 次印刷
186mm×240mm · 16 印张 · 264 千字
标准书号：ISBN 978-7-111-76276-8
定价：89.00 元

电话服务　　　　　　　　　网络服务
客服电话：010-88361066　　机　工　官　网：www.cmpbook.com
　　　　　010-88379833　　机　工　官　博：weibo.com/cmp1952
　　　　　010-68326294　　金　书　网：www.golden-book.com
封底无防伪标均为盗版　机工教育服务网：www.cmpedu.com

前　言

为何写作本书

自人类在 20 世纪 40 年代发明第一台计算机以来，计算机科学一直在高速发展。在过去的几十年里，计算机的计算速度和存储容量都大幅提高，促进了人工智能（Artificial Intelligence，AI）技术的发展和应用。随着深度学习技术的蓬勃发展，自然语言处理迅速崛起为人工智能领域的核心研究方向。在这个过程中，大语言模型（Large Language Model，LLM，本书简称为"大模型"）应运而生，成为自然语言处理领域近年来的一个重要成果。2022 年 11 月 30 日，OpenAI 推出新一代大模型 ChatGPT，它表现出了令人惊艳的对话效果，回复有条理、有逻辑且多轮对话效果出色，引起了人们的广泛关注。

ChatGPT 的出圈引发了许多人对它和大模型工作原理的好奇。有人误以为 ChatGPT 的工作方式类似于搜索引擎，背后有一个存储海量文本的"数据库"，ChatGPT 通过在库中检索相关内容与用户进行交互。事实上并非如此，ChatGPT 更像是一个读过海量书籍的智者，在读懂了所有内容之后，再将这些内容按照人们期望的方式进行回复。鉴于大家认识上的误区，为了帮助大家深入了解 ChatGPT 是什么，它是如何工作的，又将如何改变我们的生活，笔者萌生了写作本书的想法。

本书主要内容

本书共 10 章，从逻辑上分为四部分：

第一部分（第 1～4 章）由语言模型的基本概念入手，介绍了大模型的基础构件、技术发展的脉络及范式，以及模型对齐的方法。ChatGPT 是一个大模型，而大模型首先是一个语言模型，语言模型是一种基于机器学习技术的自然语言处理模型，它可以学习语言的概率分布，从而实现对语言的理解和生成。大模型是一种新的技术范式，相较于传统语言模型，它不仅"大"，而且可以理解人类的意图，并完成相应的指令与任务，也就是所谓的"对齐"与"指令跟随"。经过精心的训练，大模型甚至可以完成推理、规划和具有创造性的复杂任务。

第二部分（第 5 章和第 6 章）详细介绍了大模型的评测与分布式训练的基本原理。大模型的训练离不开算法、数据和算力的支撑，是一项需要大量投入的系统性工程。首先，研究者需要设计精巧的算法使得模型可以有效处理海量的数据，从而解决语言的复杂性和上下文相关性等挑战。其次，数据也是训练大模型的关键因素，这意味着我们需要收集、清洗和标注大规模语料库，以获得足够的高质量训练数据。最后，随着数据和模型规模的扩大，训练模型所需要的算力和硬件资源也随之不断增加。得益于分布式训练和并行计算优化，大模型的训练变得可行。

第三部分（第 7～9 章）着重介绍了大模型在垂直场景的应用、知识融合与工具使用的方法及大模型优化的高级话题。大模型具有广泛的应用前景，相较于传统语言模型，大模型的适用场景更多，性能也更出色。它既可以作为客服助手，扮演各种角色与用户进行交互并完成任务，又可以用于人工智能生成，协助用户撰写文章或报告，还可以用于翻译任务，理解源语言的内容并生成目标语言翻译结果。此外，它还可以作为生产力工具编写代码，大幅提升程序员的编码效率。随着大模型技术的发展，这些应用的上限也在不断取得突破，同时有更多创新型应用不断涌现。

第四部分（第 10 章）展望了大模型未来的发展方向和挑战。尽管大模型在众多领域展现出卓越的性能，但也存在一些局限性。例如，大模型在生成输出时常常会编造一些事实，即使这类错误属于罕见情况，也对回答的可信度和可靠性造成了严重影响。此外，安全性问题也备受关注。若大模型被不当使用，可能成为虚假新闻或钓鱼邮件的源头，甚至成为不法分子进行违法犯罪活动的"帮凶"。

全书力求系统和完备，在使各章内容逐步递进的同时，也兼顾了各章内容的独立性。读者可根据需求按章顺序学习或选择特定内容深入研究。希望本书能够帮助读者深入了解大模型相关知识，同时能够促进大模型技术的发展和应用。

本书读者对象

- 计算机科学、人工智能、自然语言处理等领域的专业人士和学者。
- 对大模型感兴趣的普通读者。

资源和勘误

限于作者水平，书中难免存在疏漏或不足之处，欢迎读者批评指正。读者可通过电子邮件 llmbookfeedback@gmail.com 联系我们，期待收到读者的宝贵意见和建议。

苏之阳

2024 年 5 月

第 1 章

语言模型简介

语言模型（Language Model）是使用统计方法或者神经网络来计算单词或单词序列出现的概率的模型。通过语言模型，我们可以计算某个单词或单词序列在自然语言中出现的概率。例如，单词序列 $w_1, w_2, \cdots, w_m$ 的概率可以通过如下公式计算：

$$P(w_1, w_2, \cdots, w_m) = \prod_{i=1}^{m} P(w_i | w_1, w_2, \cdots, w_{i-1})$$

通过语言模型，我们还可以方便地估算在某个自然语言的上下文中下一个词出现的概率。例如，我们把 $w_1, w_2, \cdots, w_{i-1}$ 看作上下文，则某个单词 w 出现在第 i 个位置上的概率为

$$P(w | w_1, w_2, \cdots, w_{i-1})$$

由上面的公式可以看到，如果想使用语言模型，首先需要获得每个单词在多种上下文中的条件概率，而获得这些条件概率的过程称为训练语言模型。训练语言模型的逻辑比较简单，首先需要准备一些文本语料并在这些文本中的某些位置选取一些单词，然后让语言模型根据上下文去预测这些位置上的单词，并根据预测结果正确与否更新语言模型的参数，用大量的文本数据不断重复这个过程之后，我们最终会得到语言模型中各个单词在不同上

下文中的条件概率。

虽然不同语言模型的训练目标基本一致，但是它们的技术特点和实际用途却有很大的区别，我们将其归类为传统语言模型和大语言模型（Large Language Model，LLM）。本章将介绍这两类模型的发展历程和技术特点，并对它们的应用方式进行比较和讨论。

1.1　传统语言模型

传统语言模型指的是一系列结构简单的、用于计算单词或单词序列的概率的模型。它们从统计和概率的角度给出某个单词或单词序列"合法性"的评估。此处的"合法性"并不是指语法上的严谨程度，而是指某个单词或单词序列与人们使用语言的惯例的匹配程度。传统语言模型的发展经历了如下阶段：

1）2000 年之前，由于计算机硬件和自然语言处理技术发展水平等的限制，n-gram 语言模型在自然语言处理领域具有统治性的地位。

2）2000 年之后，前馈神经网络的语言模型 [1] 的提出，标志着语言模型研究开始从统计技术向神经网络技术迁移，这一类语言模型统称为神经网络语言模型。

本节讲解 n-gram 语言模型和神经网络语言模型的知识要点，并讨论两者之间的区别与联系。

1.1.1　n-gram 语言模型

n-gram 指的是由 n 个连续单词构成的序列，例如，large 是一个一元语法（Unigram）的实例，large language 是一个二元语法（Bigram）的实例，而 large language model 是一个三元语法（Trigram）的实例。基于 n-gram 构造的语言模型称为 n-gram 语言模型，这种语言模型将单词序列的生成过程看作马尔可夫过程，其数学基础是马尔可夫假设（Markov Assumption），即第 n 个词仅仅依赖于它前面的 $n-1$ 个词。使用 n-gram 语言模型计算单词序列的概率时，不同的 n 会有不同的计算方法。例如，当 $n=1$ 时，我们采用的是一元语法语言模型：

$$P(w_1, w_2, \cdots, w_m) = \prod_{i=1}^{m} P(w_i)$$

则单词序列"large language model"的概率的计算公式为：

$$P(\text{large}, \text{language}, \text{model}) = P(\text{<s>}) P(\text{large}) P(\text{language}) P(\text{model}) P(\text{</s>})$$

其中，<s> 和 </s> 是标识句子开头和结束的特殊符号。当 $n=2$ 时，用二元语法语言模型计算单词序列的概率的计算公式为：

$$P(w_1, w_2, \cdots, w_m) = \prod_{i=1}^{m} P(w_i | w_{i-1})$$

则单词序列"large language model"的概率的计算公式为：

$$P(\text{large}, \text{language}, \text{model})$$
$$= P(\text{large}|\text{<s>}) P(\text{language}|\text{large}) P(\text{model}|\text{language}) P(\text{</s>}|\text{model})$$

以此类推，当 $n=3$ 时，用三元语法语言模型计算单词序列的概率的计算公式为：

$$P(w_1, w_2, \cdots, w_m) = \prod_{i=1}^{m} P(w_i | w_{i-1}, w_{i-2})$$

则单词序列"large language model"的概率的计算公式为：

$$P(\text{large}, \text{language}, \text{model})$$
$$= P(\text{large}|\text{<s>}, \text{<s>}) P(\text{language}|\text{<s>}, \text{large}) P(\text{model}|\text{large}, \text{language}) P(\text{</s>}|\text{language}, \text{model})$$

可以看出，使用 n-gram 语言模型的前提是对条件概率 $P(w_n | w_{n-1}, w_{n-2}, \cdots, w_{n-N})$ 进行精确的估计。常用的一个方法是收集大量的自然文本语料，然后采用最大似然估计（Maximum Likelihood Estimation，MLE）的方式计算这些条件概率。MLE 的目标是通过优化 $P(w_n | w_{n-1}, w_{n-2}, \cdots, w_{n-N})$ 使得训练语料的概率最大化。

以在单词序列 $w_1, w_2, \cdots, w_m$ 上训练一元语法语言模型为例，考虑到某些单词会重复出现（比如 w_1 和 w_m 都是单词 "large"），我们将

$$P(w_1, w_2, \cdots, w_m) = \prod_{i=1}^{m} P(w_i)$$

表示为：

$$P(w_1, w_2, \cdots, w_m) = \prod_{i=1}^{n} P(v_i)^{c(v_i)}$$

其中，v_i 表示词汇表中某个单词，$c(v_i)$ 表示在单词序列 $w_1, w_2, \cdots, w_m$ 中 v_i 出现的频次。一元语法语言模型训练的目标是使 $P(w_1, w_2, \cdots, w_m)$ 最大化，因此可以抽象成如下数学问题：

$$\text{Maximize} \log P(w_1, w_2, \cdots, w_m)$$

$$\text{Subject to} \sum_i P(v_i) = 1$$

通过求解上述问题，我们发现可以通过统计单词出现的频次来实现对语言模型中的参数的估计，一元语法语言模型中的各个概率可以通过如下公式进行计算：

$$P(w_i) = \frac{C(w_i)}{\sum_w C(w)}$$

其中，$C(w_i)$ 表示单词 w_i 在训练数据中的频次。

以此类推，二元语法语言模型中的各个条件概率值可以通过如下公式进行计算：

$$P(w_i \mid w_{i-1}) = \frac{C(w_{i-1}, w_i)}{\sum_w C(w_{i-1}, w)}$$

同理，三元语法语言模型中的各个条件概率值可以通过如下公式进行计算：

$$P(w_i \mid w_{i-1}, w_{i-2}) = \frac{C(w_{i-2}, w_{i-1}, w_i)}{\sum_w C(w_{i-2}, w_{i-1}, w)}$$

虽然 n-gram 语言模型在实际应用场景中有不错的表现，但它也存在一定的局限性。当处理的文本中包含不在当前语言模型的词汇表中的单词时，就会遇到未登录词（Out-Of-Vocabulary，OOV）问题。降低未登录词问题负面影响的策略有二：一是忽略不在现有 n-gram 语言模型的词汇表中的所有单词；二是在词汇表中引入特殊词元（例如"<UNK>"）来显式表示词汇表外单词的概率。

n-gram 语言模型的另一个问题是维数灾难（Curse of Dimensionality）。为了使 n-gram 语言模型能够建模较长的上下文，我们需要增大 n 的值，但当 n 变大时，需要计算对应概率的 n-gram 的个数呈指数增长。某些 n-gram 在训练语料中极为稀疏，从而导致没有足够的数据来对其概率进行准确估测，甚至出现训练数据中未出现的 n-gram 被赋予零概率的情况。解决这个问题需要用到语言模型平滑（Language Model Smoothing）技术，该技术将一定的概率分配给未见过的单词或 n-gram 来平滑概率分布。

1.1.2　神经网络语言模型

神经网络语言模型（Neural Network Language Model，NNLM）指的是一类利用神经网络分类器来计算某个上下文中的单词或单词序列的概率的语言模型。神经网络语言模型依赖于词嵌入（Word Embedding）和多层神经网络结构来完成上述概率的计算。词嵌入是一种在机器学习领域广泛应用的技术，旨在将高维度的数据（如文字和图片）通过某种算法映射到低维度的向量空间。在该空间上，几何距离相近的词嵌入向量在原始空间上的语义也相近。

神经网络语言模型的理论基础是通用近似定理（Universal Approximation Theorem）[2]：神经网络可以在欧氏空间以任意精度拟合任意函数。由于语言模型本质上是概率分布，神经网络自然可以用来构建语言模型。与 n-gram 语言模型相比，神经网络语言模型的一个显著优点是它可以轻松处理未登录词。神经网络语言模型可以对可能出现在同一上下文中的其他词的词嵌入进行加权组合，并以此作为未登录词的词嵌入计算未登录词的概率。另外，神经网络语言模型并不需要显式存储每个 n-gram 及其对应的概率，因而可以有效减轻 n-gram 语言模型中的维数灾难问题。

根据神经网络的结构不同可以将神经网络语言模型分为两种：前馈神经网络语言模型和循环神经网络语言模型。如图 1-1 所示，在前馈神经网络语言模型中，我们首先将上下文中的每个单词映射为其对应的词嵌入，然后将这些词嵌入拼接起来作为输入。通过数层神经网络的映射后，在最后一层通过 Softmax 函数最终输出一个在词汇表上的概率分布。基于该分布并结合一定的策略，我们选取一个词（比如选取该分布中概率最大的词）作为该上下文中模型预测的下一个词。由于前馈神经网络语言模型只能处理固定长度的单词序列，研究者又提出了循环神经网络语言模型来支持处理任何长度的单词序列。

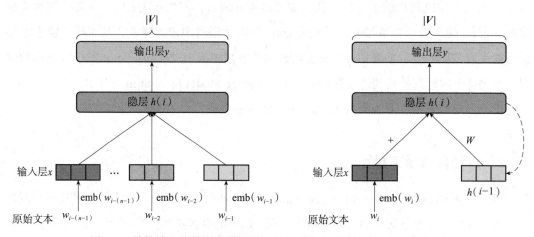

图 1-1   前馈神经网络语言模型（左）与循环神经网络语言模型（右）

循环神经网络语言模型和前馈神经网络语言模型的主要区别在于神经网络中隐层的计算方式。循环神经网络语言模型的隐层计算公式为：

$$h_i = \sigma\left(\mathrm{emb}\left(w_i\right) + Wh_{i-1}\right)$$

其中，h_i 表示第 i 个隐层，$\mathrm{emb}\left(w_i\right)$ 表示单词 w_i 的词嵌入，W 表示循环神经网络的权重，σ 表示激活函数，每个隐层依赖于当前单词的词嵌入和循环神经网络中上一个状态的隐层，通过这样的机制，循环神经网络语言模型便能利用任意长度的上下文信息。

神经网络语言模型的训练采用监督学习（Supervised Learning）方式，其损失函数引导神经网络将正确的单词的概率最大化。训练语料中单词 w_i 的损失函数为：

$$\mathrm{Loss}\left(\mathrm{Context}_{w_i}, w_i\right) = -\log \frac{\exp\left(h_{w_i}\right)}{\sum_w \exp\left(h_w\right)}$$

其中，h_{w_i} 表示神经网络最终的隐层。我们可以采用随机梯度下降（Stochastic Gradient Descent，SGD）的方法对神经网络语言模型的参数进行优化。实践经验表明，神经网络语言模型在多种场景中的效果均优于 n-gram 语言模型。然而，神经网络语言模型只能在一定程度上解决文本序列的长距离依赖问题，当遇到较长的文本时，其效果不甚理想，在这方面仍有很大的提升空间。

1.1.3　传统语言模型的应用

传统语言模型输出的概率通常作为一个标识单词序列"合法性"的先验打分，在语音识别、拼写检查、机器翻译、光学字符识别、手写识别中都会发挥关键作用。如果用 X 表示应用中的输入，Y 表示应用中的输出，这些问题可以建模为如下数学问题：

$$Y^* = \arg\max_y P\left(X \mid Y\right) P\left(Y\right)$$

其中，$P(X|Y)$是与具体应用相关的模型，$P(Y)$为针对Y的语言模型。

例如，在语音识别中，X表示输入的音频信号，Y表示识别出来的文本。$P(X|Y)$一般被称为声学模型（Acoustic Model），主要用于衡量识别出来的文本的发音和音频的相似程度。$P(Y)$则为语言模型，用于衡量识别出来的文本是否符合语言的使用惯例，声学模型和语言模型一起发挥作用，产生质量较好的识别结果。在机器翻译中，X表示源语言书写的文本，Y表示目标语言书写的文本。$P(X|Y)$一般被称为翻译模型（Translation Model），主要用来衡量两种语言书写的文本是否具有相似的含义。语言模型$P(Y)$的作用与在语音识别中的作用相同，衡量目标语言的文本是否符合该语言的使用惯例。

1.2　大语言模型

大语言模型是一类基于超大规模神经网络的语言模型，其参数规模远远超过传统语言模型，并且使用自监督学习（Self-Supervised Learning）在大量未标注文本上进行训练，有些大模型还和人类的意图进行了对齐（Alignment），具备通过自然语言和人类进行交互的能力。大模型具备强大的通用任务能力，可完成多种场景的复杂任务，在很多任务上甚至可以达到人类的智能水平。

大模型的训练目标与传统语言模型的训练目标是相同的，都是使模型在特定的上下文中预测下一个词的准确率越来越高。为什么大模型能够具有传统语言模型完全无法媲美的能力呢？核心在于海量的参数和训练数据使大模型可以学习到人类语言的语法和语义，以及大量的真实世界中的常识。训练大模型的海量语料可以看作现实世界的映射，而基于这个映射训练出来的大模型被视为对现实世界的高质量的压缩表示（Compressed Representation），压缩表示可供人们提取现实世界的信息。大模型预测下一个词越准确，代表大模型的能力对现实世界的还原度就越高，进一步反映了大模型的理解能力就越强。

OpenAI 的研究人员曾用一个例子生动阐述了大模型的上述特点。假设大模型阅读了一本侦探悬疑小说，其中有各种各样的人物、纷繁复杂的事件以及多条神秘隐晦的线索。当大模型读完书中揭示答案前的所有文字后，我们让大模型对如下句子进行下一个词的预测："罪犯的名字是____"。这个词预测的准确率越高，说明大模型对文本的理解和推理能力越强大。所以，看似简单的"预测下一个词"任务可以在训练大模型上产生惊艳的效果。

1.2.1 大模型的发展历程

大模型的发展并非一蹴而就，而是经历了多个具有里程碑意义的历史节点，如图 1-2 所示。总体而言，根据是否具备对齐属性，大模型的发展可以概括为两个主要时期：无对齐时期和对齐时期。

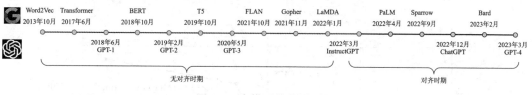

图 1-2　大模型的发展历程

1. 无对齐时期

在无对齐时期，大模型和人类之间的交互门槛相对较高，使用大模型需要一定的计算机或人工智能知识的储备，大模型一般被视为一种面向计算机或人工智能相关从业人员的工具，这个时期大模型的发展经历了如下重要事件：

2013 年，Mikolov 等人提出了 Word2Vec[3]，虽然 Word2Vec 的训练目标和之前的语言模型并不完全相同，但是训练过程中的损失函数有一定的相似之处，Word2Vec 的重要价值是开创了可迁移的高质量的词嵌入的先河，在一定程度上奠定了大模型产生的基础。

2017 年，Transformer[4] 给许多自然语言处理任务带来了飞跃式的效果提升。Transformer 是一种编码器 - 解码器（Encoder-Decoder）模型，其中的自注意力（Self-Attention）机制取消了循环神经网络中的顺序依赖，使其具有优良的并行性，而且能够拥有全局信息视野。Transformer 为大模型的出现铺平了道路，如今，Transformer 几乎是所有主流大模型的基本组成模块。

2018—2022 年，预训练－微调（Pretrain-Finetune）技术蓬勃发展，基于各种神经网络结构的大模型也层出不穷。这些大模型的特点是整个模型都采用预训练的参数权重，而不仅仅是用预训练的词嵌入来初始化模型的输入层，这些语言模型只需微调即可在各种自然语言处理任务中表现出很好的效果。这个阶段的一些典型语言模型包括 BERT、GPT-1、GPT-2、T5、GPT-3 等。其中，GPT-3 展示了训练超大参数规模的大模型的强大优势，研究人员发现增加模型的参数量和训练数据可以有效提升模型在下游任务中的效果。

如图 1-3 所示，从 2018 年到 2022 年，追求超大的参数量是大模型领域的主要发展趋势，大模型的参数规模以每年十倍的速度增长，这个增长速度被称为新的摩尔定律。

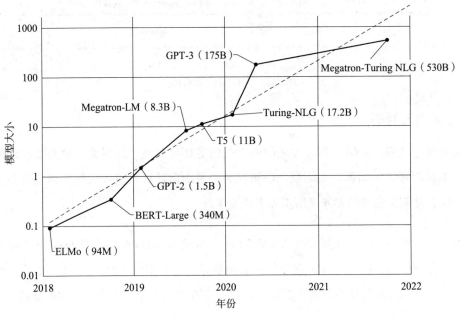

图 1-3　2018—2022 年大模型参数量增长曲线

2. 对齐时期

在无对齐时期，大模型在很多自然语言处理任务上展示出了很大的潜力，但是其关注度并没有得到爆炸式的增长。真正给大模型带来革命性影响的是对齐在大模型上的应用。

在对齐时期，大模型学会了用自然语言与人类进行沟通，任何人都可以很方便地使用大模型，从而使大模型具备了极低的使用门槛。在这个时期，大模型的发展经历了如下重要事件：

2022—2023 年，ChatGPT 等和人类意图对齐的大模型引起了人们的关注。ChatGPT 可以根据用户的要求生成清晰、详尽的回复，仅仅上线两个月，其月活用户数即突破了 1 亿，刷新了互联网产品吸引用户的速度的历史记录，OpenAI 的估值也随之增至 290 亿美元，ChatGPT 相关的技术革新给学术界和工业界都带来了深刻的影响。

2023 年至今，以 GPT-4[5] 为代表的多模态大模型进入人们的视线。GPT-4 可以接受图像和文本输入并产生文本输出。由于视觉信息沉淀为文本信息通常需要一定的时间，利用视觉信息可以加快大模型能力的演化进度。在许多现实场景中，GPT-4 表现出接近人类水平的效果。在这个时期，如何让大模型从数据中更快地学习、确保大模型生成结果的质量成为重要的研究方向。

在对齐时期，单纯追求大的参数量不再是大模型领域的主要发展方向，人们意识到大模型的质量比大的参数量更为重要，也有观点认为未来大模型应该向参数量更小的方向发展，或者以多个小模型协作的方式工作。对齐时期的大模型对技术领域和社会层面都有着深远的影响，它改变了人们对语言模型甚至整个通用人工智能（Artificial General Intelligence，AGI）领域的看法，引爆了人工智能生成内容（AI Generated Content，AIGC）行业的发展。

1.2.2 训练大模型的挑战

挑战 1：收集海量且多样化的数据。

训练数据的来源、涵盖的主题甚至使用的语言都要非常广泛。虽然从互联网上获取的文本极大地增加了训练数据的规模，但由于这些训练数据良莠不齐，如何对其进行清洗从而避免训练的大模型有偏差，成为非常重要的课题。除了上述大量的非标注语料，大模型的某些训练阶段还会用到标注语料，因此会涉及一些和数据标注平台的合作。比如，Meta

在训练大模型的时候曾与亚马逊 Mechanical Turk 合作；OpenAI 在训练 GPT 系列模型的时候曾经与 Upwork 和 Scale AI 合作。

以目前大模型对训练数据的消耗速度，高质量语言数据预计在 2026 年就会耗尽，而低质量语言数据预计在 2050 年耗尽，视觉图像数据预计在 2060 年耗尽 [6]。在可预见的未来，新的高质量的训练数据只会随着时间线性增长，但模型效果线性增长往往需要指数增长量级的训练数据，如何缓解高质量数据紧缺的问题是一个重要的课题。

挑战 2：工程难度大。

千亿参数量的大模型的训练往往需要一个月甚至数个月。在训练这种参数规模的大模型的时候，由于模型本身和训练数据都不可能存储在某个单一的计算节点上，必须采用分布式并行训练。多种并行策略共同使用带来的复杂性，对训练的硬件基础设施和算法设计都提出了极高的要求。训练的过程还涉及优化方法的选择以及对应的超参数配置等一系列挑战。另外，大模型的训练过程并不稳定，这种不稳定性会随着模型参数规模的增加急剧上升，训练失败的概率也会相应增加。这些都对大模型训练人员的知识储备和工程实践经验提出了很高的要求。

挑战 3：训练成本高。

目前训练单个大模型的成本在 300 万美元到 3000 万美元之间。预计到 2030 年，在大型数据集上训练大模型的成本将增加至数亿美元。由于训练所用的数据集的规模越来越大，以及需要更强的算力来训练更为强大的模型，只有极少数的大型科技企业才能负担得起大模型的开发费用。

1.2.3　大模型的应用

传统语言模型和大模型的应用有着明显的区别。如上所述，传统语言模型主要用于计算一段单词序列的概率，我们将这一应用方式定义为"测量"。而大模型侧重于根据上下文信息产生新的内容，我们将这一应用方式定义为"生成"。如果把传统语言模型比作测量用的尺子，大模型则更像是可以产生各种布匹的织布机，两者在应用上有着巨大的差别，但是又在基本的构成元素上有着很强的关联性。

大模型可以应用于许多领域，这里介绍一些大模型的典型应用。如图 1-4 所示，搜索引擎可以使用大模型来提供更直接、更贴近人类语言交互的答案。这些模型可以帮助搜索引擎更好地理解用户的查询，并返回更加准确、详细的结果。除此之外，大模型可以用于改善聊天机器人（Chatbot）的效果，可以更加准确地理解用户的意图，并生成更为相关的回复，从而提供更好的客户体验。在软件开发领域，大模型可以帮助软件开发人员生成软件代码，提高软件系统的研发效率。在法律领域，大模型可以进行法律释义，并提供更好的法律建议，从而帮助从业人员更好地理解法律文本。如今，大模型的应用已经百花齐放，在非常多的领域和行业中重塑着产品和体验。

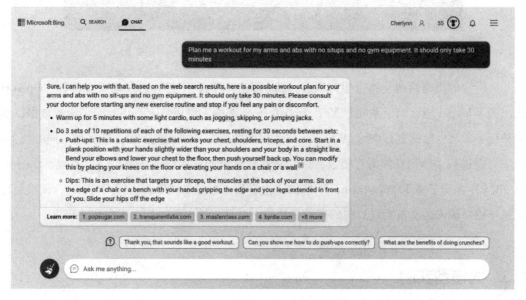

图 1-4　大模型与搜索引擎相结合

值得一提的是，除了上述常见的功能，大模型还具有领域绑定的特性，即通过一些提示信息来扮演特定领域的角色的能力。例如，为了让大模型扮演唐朝诗人李白的角色，我们可以在对话的一开始插入一条问候语："嗨，我是诗人李白。"在接下来的交互中，用户即可与李白的角色进行交流，如图 1-5 所示。利用大模型的这个能力进行商业化探索的一个典型案例是 character.ai[⊖]。在这个平台上，用户可以创建"虚拟人物"，然后将其发布到社区与其他人聊天。其中，许多角色是历史或者现实生活中的名人；有些是为了特定任务而制作的，如协助写作或扮演游戏角色。用户可以与一个虚拟角色聊天，或组织包含多个虚拟角色的讨论组，或同时与虚拟角色或其他用户聊天。

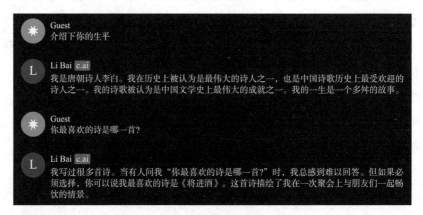

图 1-5　大模型的领域绑定

大模型的模型结构及其思想对很多传统的人工智能应用都有启发意义。例如，OpenAI 提出的 Whisper 语音识别系统[7]基于 Transformer 架构，使用数十万小时的多语言数据以及多种任务类型的数据进行训练。Whisper 与大模型的结构非常类似，也支持多种不同的任务，比如可以进行多种语言的语音转录，以及将这些转录的文本翻译成英语。类似地，OpenAI 在 2024 年提出了基于 Transformer 架构的文生视频（Text-To-Video）模型 Sora[⊖]，该模型可以基于用户输入的文本生成对应的高质量视频，并且支持多种时长、视角和清晰度。

1.3　大模型实例

目前，主流的大模型实例可以划分为两大类：基座模型（Foundation Model）和对齐模型（Aligned Model）。基座模型是在大规模的语料库上进行预训练的语言模型，而对齐模型

⊖　https://www.character.ai。

⊖　https://openai.com/sora。

则是以基座模型为基础进一步完成了人类意图对齐后的模型。在本节中，我们选择当前较为热门的大模型，简要介绍它们的基本情况和特点，以便读者更全面地了解这些大模型的应用场景和技术特点。

1.3.1　基座模型实例

基座模型是通过在大量的数据集上进行无监督学习而得到的。在预训练阶段，模型会学习从文本中捕获语言结构、语法规则、事实知识以及推理能力。因此，基座模型是一个通用的、未针对特定任务优化的模型。表 1-1 列出了近年来广泛使用的一些基座模型，我们主要从使用者的角度出发，列举了模型参数量、词元量和是否开源等信息。

表 1-1　典型基座模型

模型	发布机构	参数量 /B[⊖]	词元量 /B	发布时间	是否开源
Baichuan2-13B	百川智能	13	2600	2023 年 9 月	是
QWen-14B	阿里巴巴	14	3000	2023 年 9 月	是
LLaMA 2-70B	Meta AI	70	2000	2023 年 7 月	是
PaLM 2	Google	340	3600	2023 年 5 月	否
MPT	MosaicML	7	1000	2023 年 5 月	是
GPT-4	OpenAI	未公布	未公布	2023 年 3 月	否
LLaMA-65B	Meta AI	65	1400	2023 年 2 月	是
MOSS	复旦大学	16	430	2023 年 2 月	是
GLM-130B	清华大学 智谱 AI	130	400	2022 年 8 月	是
BLOOM	BigScience	176	366	2022 年 7 月	是
OPT-175B	Meta AI	175	300	2022 年 5 月	是
PaLM	Google	540	780	2022 年 4 月	否

⊖　这里的B指的是Billion，即10亿。

（续）

模型	发布机构	参数量 /B	词元量 /B	发布时间	是否开源
Chinchilla	DeepMind	70	1400	2022 年 3 月	否
GPT-J	EleutherAI	6	402	2021 年 6 月	是
GPT-3	OpenAI	175	300	2020 年 5 月	否
T5	Google	11	34	2019 年 10 月	是
BERT	Google	0.3	137	2018 年 10 月	是

在上述模型中，Meta 旗下的 LLaMA 系列基座模型被人们广泛使用，并且已经有大量研究工作对其用法进行了探索。我们以 LLaMA 2[8] 为例对基座模型进行介绍，它提供了不同参数规模的版本，用来满足不同计算能力的需求。LLaMA 2 在多个外部基准测试中显示出卓越性能，其推理、编码和知识测试等都优于同期的其他开源语言模型。LLaMA 2 虽然支持 20 多种语言，但在中文处理方面并不突出。通过国内学者的继续预训练（Continue Pre-training）[9]，它对中文的理解和生成能力已经得到显著增强。LLaMA 2 的所有训练数据均源自公开数据集，这保障了相关研究的透明度和结果的可复现性。LLaMA 2 模型的权重开放下载，并且支持商业用途，这极大地促进了其在学术界和工业界的应用，同时为开源大模型生态系统的繁荣发展奠定了基础。

1.3.2　对齐模型实例

对齐模型是在基座模型的基础上，针对特定任务进行训练和优化的模型。模型对齐的过程通常包含监督微调（Supervised Fine-Tuning，SFT）和强化学习（Reinforcement Learning，RL）两个步骤。在监督微调阶段，通过标注过的数据集进行有监督学习，使模型遵从人类的指令完成特定任务，例如文本分类、命名实体识别、情感分析等；而强化学习阶段则进一步优化模型的性能，通过奖励机制使模型在特定任务上的表现更加精准和高效。具体的方法和技术细节将在后续章节中详细介绍。对齐过程使得模型在特定任务上的表现更加优秀，同时保持了基于大量无监督学习得到的通用性知识。表 1-2 汇总了一些典型的经过对齐后的大模型。

随着 LLaMA 系列基座模型及大模型社区的发展，基于 LLaMA 系列的对齐模型纷纷涌现出来，极大地丰富了该领域的研究和应用。在这一系列创新中，Alpaca[10] 和 Vicuna[11] 模型尤为突出，它们代表了早期对齐模型的重要进展。

表 1-2　对齐大模型

模型	发布机构	基座模型	参数量 /B	上下文长度 /k	发布时间	是否开源
ChatGLM3-6B	清华大学 智谱 AI	GLM	6	8	2023 年 10 月	是
Baichuan2-Chat	百川智能	Baichuan2	7/13	4	2023 年 9 月	是
Claude 2	Anthropic	Claude	未公布	200	2023 年 7 月	否
ChatGLM2-6B	清华大学 智谱 AI	GLM	6	8	2023 年 6 月	是
Lawyer LLaMA	北京大学	LLaMA	13	2	2023 年 4 月	是
本草	哈尔滨工业大学	LLaMA	7	2	2023 年 3 月	是
Vicuna	加利福尼亚大学伯克利分校 斯坦福大学 卡内基 - 梅隆大学	LLaMA	7/13	2	2023 年 3 月	是
Alpaca	斯坦福大学	LLaMA	7	0.5	2023 年 3 月	是
ChatGLM	清华大学 智谱 AI	GLM	6	2	2023 年 3 月	是
GPT-4	OpenAI	未公布	未公布	32	2023 年 3 月	否
GPT-3.5	OpenAI	GPT-3	175	4	2022 年 11 月	否

Alpaca 是斯坦福大学发布的一个基于 LLaMA-7B 的对齐模型，其在某些评估指标上的性能接近于 GPT-3.5。在模型的训练过程中，Alpaca 采用了自生成指令（Self-Instruct）的方法，首先人工定义了 175 个种子任务，然后使用 OpenAI 的 ChatGPT API 生成了 5.2 万个示例，接着在 8 个 A100 上进行了 3h 的微调训练。由于采用了这种策略，Alpaca 的训练成

本极低，数据获取和训练过程的总成本不超过 600 美元。Alpaca 通过自生成指令构建训练数据的方法也启发了许多其他研究人员和团队收集 ChatGPT API 的数据。

在 Alpaca 模型发布后，加利福尼亚大学伯克利分校、卡内基－梅隆大学和斯坦福大学等机构的研究者联合发布了 Vicuna 模型。Vicuna 也是基于 LLaMA 进行对齐的模型，包含 7B 和 13B 参数两个版本。与 Alpaca 不同，Vicuna 采用了 ShareGPT 收集的对话数据进行模型微调。具体来说，这些数据包括 11 万个用户分享的与 ChatGPT 的对话记录。由于这些数据由真实用户提供，因此其多样性更好，且数据量更大，使得 Vicuna 在评估中的性能优于 Alpaca 等模型。例如，在使用 GPT-4 进行评估时，Vicuna-13B 的性能达到了 ChatGPT 和 Bard 的 90% 以上，并且在 90% 的情况下都优于 LLaMA 和 Alpaca 等其他模型。

某些垂直领域的对齐模型正成为一股不可忽视的力量，它们通过专注于特定行业的知识和数据，为行业专业人士提供了更为精准和实用的工具。在这一趋势中，本草 [12] 和 Lawyer LLaMA[13] 模型尤其值得关注，它们分别在医学和法律领域展现了对齐模型的强大潜力和实际应用价值。本草模型是基于中文医学知识的 LLaMA 对齐模型，项目团队利用医学知识图谱和 ChatGPT API 构建了中文医学相关的数据集，通过对大模型进行训练，提高了其在医疗领域问答的效果。Lawyer LLaMA 是一个法律领域的大模型，该模型同样基于 LLaMA，通过在大规模法律语料上进行训练，系统地学习了中国的法律知识体系，掌握了中国法律知识，可以以通俗易懂的语言进行基础的法律咨询。

1.4   小结

本章着重介绍了语言模型的工作原理和发展历程，使读者有了初步的认识。我们首先从传统语言模型出发，详细介绍了 n-gram 语言模型和神经网络语言模型及其应用。随着技术的不断进步，大模型逐渐崭露头角，其最显著的特点在于能够按照人类意图完成指令，处理更长的上下文，并具备更强的语言理解能力。最后，我们列举了一些著名的大模型实例，它们代表了目前领先的自然语言处理技术，在多个领域展现出了出色的性能。

第 2 章

大模型网络结构

近年来，深度学习领域涌现出许多优秀的模型和技术。这些里程碑式的工作推动了自然语言处理领域的飞速发展，奠定了大模型的技术基础。

本章主要介绍构成大模型的基本组件和基础算法。我们首先从 Seq2Seq 网络结构入手，介绍生成模型的基本结构；然后，深入探讨注意力机制解决的问题；随后，进一步剖析基于注意力机制构建的 Transformer 模型的结构，并特别介绍多头注意力机制和位置编码的细节，还阐述常见的词元化方法；最后，详细讲解文本生成中的不同解码策略及其应用。

2.1　Seq2Seq 结构

Seq2Seq（Sequence-to-Sequence）[14] 网络结构是近些年深度学习中的重要创新之一。它将自然语言处理中的任务（如文本摘要、机器翻译、对话系统等）看作从一个输入序列到另外一个输出序列的映射，然后通过一个端到端的神经网络来直接学习序列的映射关系。Seq2Seq 也是编码器 - 解码器结构的雏形。

图 2-1 为 Seq2Seq 结构的示意图，它实现了将输入序列 $x_1, x_2, \cdots, x_T$ 映射到输出序列

$y_1, y_2, \cdots, y_T$的操作。其中，编码器可将输入序列编码成一个固定长度的向量表示，而解码器可将该向量表示解码成目标输出。原始 Seq2Seq 的编码器和解码器部分由循环神经网络（Recurrent Neural Network，RNN）来实现。

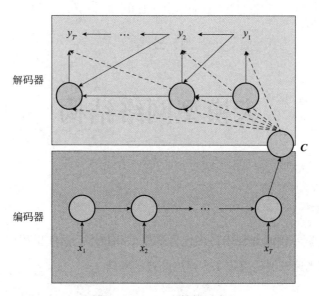

图 2-1   Seq2Seq 结构示意

以机器翻译为例，假设输入的句子为$S = (w_1, \cdots, w_n)$，我们首先将句子中每个单词w_i映射成词嵌入，从而得到向量序列为$X = (x_1, \cdots, x_n)$，目标输出序列为$Y = (y_1, \cdots, y_m)$，其中 n 和 m 为序列长度。编码器将输入转化成语义编码 C，处理第 i 个时间步输入w_i的数学表示为：

$$h_i = f(x_i, h_{i-1})$$

其中，$i \in [1, n]$，最后时刻的状态输出为 C，即$C = h_n$。解码器根据 C 输出最终的目标序列，其数学表示为：

$$h_i' = g(C, h_{i-1}')$$

$$P(y_j | y_{j-1}, y_{j-2}, \cdots, y_1, C) = \mathrm{softmax}(y_i, C, h_i')$$

许多自然语言处理任务都可以应用编码器－解码器结构，如机器翻译、语音识别、文本摘要和对话系统等。

2.2　注意力机制

Seq2Seq 结构的原理简单，其中编码器可将输入的编码 C 看作对输入整体语义的表示，基于该编码生成目标文本也与直觉相符。但 Seq2Seq 存在两个问题：

- 固定长度的语义编码 C 在表示长序列输入语义时可能存在信息细节损失。
- 在解码阶段，不论生成哪个单词，原始输入对目标单词的影响力相同。

为了解决上述问题，研究者提出了注意力机制（Attention Mechanism）[15]。顾名思义，注意力机制可以让模型在解码时从关注全部的语义信息切换到仅关注重点信息，从而实现更好的生成效果。注意力机制首先在视觉领域被提出 [16]，用于动态地选择图像处理区域，之后被广泛应用于自然语言处理领域。

以机器翻译问题为例，当前正在处理的单词最为重要，模型将注意力放在此处较为合理。例如，将中文"我今天去外婆家吃饭"翻译成英文，当模型翻译到目标词"I"时，模型需要更关注原文中"我"这个词，而当模型翻译到目标词"Today"时，模型需要更关注原文中"今天"这个词。显然，不同的目标词在原文中对应的焦点不同且不断变化。

在我们的实际生活中，注意力机制无处不在。比如，上学的时候，老师经常教导我们读书的时候要"集中注意力"，意思就是让我们集中精力关注重要的事，而暂时忽略其他可能打扰学习的事。又如，眼睛在看到一幅图片的时候，往往会下意识地重注其中最具吸引力的内容，而自动忽略和弱化其他内容。这些日常例子的背后都有注意力机制的身影。

注意力机制由查询 Q（Query）、键 K（Key）和值 V（Value）三部分构成。注意力机制的计算过程可分为三个步骤：计算 Q 和 K 的相关性分数、归一化权重和计算注意力值。

图 2-2 展示了注意力机制的原理和计算过程。输入向量 $X = (x_1, \cdots, x_n)$，$x_i = (k_i, v_i)$ 分别代表输入的键值对，k_i 和 v_i 分别代表其中第 i 个元素，序列长度为 n。令 Q 代表查询向量，那么注意力机制的具体计算流程为：

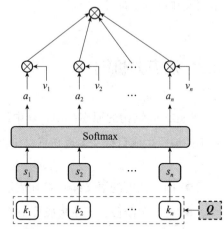

1）计算 Q 与每个 k_i 的相关性分数。相关性分数有多种不同的计算方法，此处以点积为例，计算公式为：

$$s_i = S(Q, k_i)$$

2）归一化相关性分数，使其取值范围为 $[0,1]$，得到注意力分布，其计算公式为：

图 2-2   注意力机制示意

$$a_i = \mathrm{Softmax}(s_i)$$

3）根据相关性系数对序列 $(v_1, \cdots, v_n)$ 进行加权求和，计算公式为：

$$\mathrm{Attention}(X, Q) = \sum_{i=1}^{L_x} a_i \cdot v_i$$

上述计算过程展示了最常见的软注意力机制（Soft Attention），它选择 n 个输入元素的加权平均作为结果。与之对应的还有一种硬注意力机制（Hard Attention），它仅选择 n 个输入中的某一个元素作为结果，例如选择这些输入中权重最大的一个。

2.3 Transformer 架构

Transformer[17] 是近年来自然语言处理领域一项里程碑式的成果。Transformer 最初在机器翻译领域被提出，但因其出色的性能，很快横扫各类自然语言处理任务，成为自然语言处理领域各模型的基本组成模块，大模型自然也不例外。

2.3.1　Transformer 模型结构

Transformer 也是一种编码器‐解码器结构，但它并非像 Seq2Seq 那样基于 RNN，而主要基于注意力机制。循环神经网络采用单向（从左至右或从右至左）计算方式，当前时间步的计算依赖于上一时间步的结果，严重影响了其并行性能。与之对应，使用注意力机制的 Transformer 模型具有很好的并行性能，同时利用注意力机制很好地解决了长序列的长程依赖问题。

图 2-3 是 Transformer 总体架构图，展示了 Transformer 网络将输入"我是一个学生"翻译成"I am a student"的过程。其中，编码器负责学习输入序列的特征表示，解码器负责解码目标序列。具体而言，编码器由 6 层编码器单元组成，解码器由 6 层解码器单元组成。下面具体介绍 Transformer 结构的编码器单元和解码器单元。

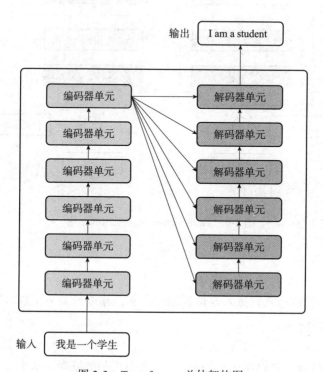

图 2-3　Transformer 总体架构图

2.3.2 编码器单元

图 2-4 所示为 Transformer 的详细内部结构，编码器单元的细节如左图所示，它主要由两层神经网络构成：多头注意力层（Multi-Head Attention）与前馈神经网络层（Feed-Forward Network）。此外，还有残差连接和归一化层。

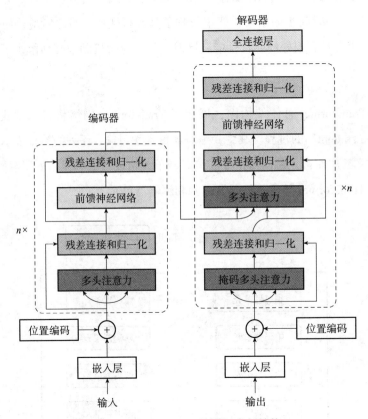

图 2-4　Transformer 的详细内部结构

（1）多头注意力层

多头注意力层接收输入词嵌入与位置编码之和，并进行多头注意力的计算。下面介绍多头注意力层的计算方法。

1）自注意力机制。我们在 2.2 节讨论了注意力机制的原理，本小节介绍注意力机制的特例——自注意力机制。它是 Transformer 编码器单元和解码器单元的重要组成元素。

一般而言,注意力机制中的 $\boldsymbol{Q}$、$\boldsymbol{K}$、$\boldsymbol{V}$ 的来源不同。以机器翻译为例,$\boldsymbol{Q}$ 来源于目标输出,而 $\boldsymbol{K}$ 和 $\boldsymbol{V}$ 来源于输入信息。与之相对,自注意力机制的 $\boldsymbol{Q}$、$\boldsymbol{K}$、$\boldsymbol{V}$ 均来源于同一个输入 $\boldsymbol{X}$。假设给定输入序列 $\boldsymbol{X} = (x_1, x_2, \cdots, x_N)$,自注意力的计算过程如下:

① 根据输入 $\boldsymbol{X}$,计算查询矩阵 $\boldsymbol{Q}$、键矩阵 $\boldsymbol{K}$、值矩阵 $\boldsymbol{V}$。

$$\boldsymbol{Q} = \boldsymbol{W}^{\boldsymbol{Q}} \boldsymbol{X}$$

$$\boldsymbol{K} = \boldsymbol{W}^{\boldsymbol{K}} \boldsymbol{X}$$

$$\boldsymbol{V} = \boldsymbol{W}^{\boldsymbol{V}} \boldsymbol{X}$$

其中,$\boldsymbol{W}^{\boldsymbol{Q}}$、$\boldsymbol{W}^{\boldsymbol{K}}$、$\boldsymbol{W}^{\boldsymbol{V}}$ 为权重矩阵。

② 计算自注意力分数。

$$\text{Attention}(\boldsymbol{Q}, \boldsymbol{K}, \boldsymbol{V}) = \text{Softmax}\left(\frac{\boldsymbol{Q}\boldsymbol{K}^{\text{T}}}{\sqrt{d_k}}\right)\boldsymbol{V}$$

其中,d_k 是键的维度,它的作用是对注意力分数进行缩放。

2)多头注意力机制。多头注意力机制是多个自注意力机制的组合,目的是从多个不同角度提取交互信息,其中每个角度称为一个注意力头,多个注意力头可以独立并行计算。多头注意力的数学表示如下:

$$\text{MultiHead}(\boldsymbol{Q}, \boldsymbol{K}, \boldsymbol{V}) = \text{Concat}(\text{head}_1, \cdots, \text{head}_h)\boldsymbol{W}^{O}$$

$$\text{head}_i = \text{Attention}(\boldsymbol{Q}\boldsymbol{W}_i^{\boldsymbol{Q}}, \boldsymbol{K}\boldsymbol{W}_i^{\boldsymbol{K}}, \boldsymbol{V}\boldsymbol{W}_i^{\boldsymbol{V}})$$

$$\text{Attention}(Q, K, V) = \text{Softmax}\left(\frac{QK^{\mathrm{T}}}{\sqrt{d_k}}\right)V$$

$$Q = XW_q, \ K = XW_k, \ V = XW_v$$

其中，X 为输入，W_q、W_k、W_v 为参数矩阵，W^O 为可学习参数。

（2）前馈神经网络层

多头注意力层之后是前馈神经网络层，它的构成比较简单，是一个全连接网络，使用 ReLU 和线性激活函数，其数学表示如下：

$$\text{FFN}(Z) = \max(0, xW_1 + b_1)W_2 + b_2$$

其中，W_1、W_2 是可训练的权重矩阵，b_1、b_2 是偏置向量。

（3）残差连接和归一化层

在编码器单元中，多头注意力层和前馈神经网络层之后还有残差连接和归一化层。该层将上一层的输入与当前层的结果相加，并允许网络短路跳过当前层。残差连接和归一化的数学表示如下：

$$\text{LayerNorm}(X + \text{MultiHeadAttention}(X))$$

$$\text{LayerNorm}(X + \text{FeedForward}(X))$$

2.3.3 解码器单元

如图 2-4 右图所示，解码器单元同样由 n 个解码单元构成。解码器单元的结构与编码器单元相似，仅有少量区别。具体来说，每个解码器单元由两个多头注意力结构组成，其中第一个多头注意力使用了掩码（Masked）操作，该操作的目的是遮盖当前输入后面的数据。

第二个多头注意力与编码器类似，区别在于它的输入 K、V 来源于编码器的输出，而 Q 则源于上层的第一个掩码多头注意力输出经过归一化层之后的计算结果。由于解码器单元的基本元素与编码器相同，它的各层计算公式此处不再赘述。

2.3.4　位置编码

如图 2-4 所示，Transformer 编码器的输入是词嵌入与位置编码之和。将输入序列转化成词嵌入的方法是从一张查询表（Lookup Table）中获取每个词元（Token）对应的向量表示。但如果仅使用词嵌入作为 Transformer 的注意力机制的输入，则在计算词元之间的相关度时并未考虑它们的位置信息。

另外，目前许多大模型都支持很长的输入长度，如 GPT-4 的最长输入长度是 4096 词元。但由于显存资源的限制，训练时的输入长度无法无限扩展。因此，模型的外推性变得非常重要，即在推理时的输入长度可以超过训练时的输入长度。外推性也是大模型要解决的核心问题之一，而引入位置信息是解决该问题的关键。

考虑到 RNN 的计算天然包括位置信息，我们需要将词元的位置信息引入 Transformer 编码器的输入中。原始的 Transformer 采用了正余弦位置编码，它的数学表示如下：

$$PE_{(pos,2i)} = \sin\left(pos / 10000^{2i/d_{model}}\right)$$

$$PE_{(pos,2i+1)} = \cos\left(pos / 10000^{2i/d_{model}}\right)$$

其中，pos 是该单词在句子中的位置信息，i 是单词维度，d_{model} 是词嵌入的维度。

使用正余弦函数来编码位置信息有很多优点：首先，它可以直接通过计算得出各个位置每个维度上的信息，而非通过训练学习到；其次，输入长度不受最大长度的限制，可以计算到比训练数据更长的位置，这使得正余弦位置编码具有一定的外推性。它的每个分量都是正弦或者余弦函数，因此具有周期性，并且整体的位置编码具有远程衰减性质，也就是两个词元相距越远，它们之间的内积越小。通过在输入部分叠加位置编码，Transformer

网络具备了感知序列元素位置信息的能力。

BERT 采用显式学习每个词元的位置信息表示方法，将位置信息与词嵌入叠加。该方法被称为绝对位置编码。它的优点是实现简单，缺点是外推性较差，即当输入长度过长时需要对网络重新训练。

与绝对位置编码对应的是相对位置编码，这类方法通过调整注意力结构，使它具备感知不同位置的词的能力。旋转位置编码 [18]（Rotary Position Embedding，RoPE）则结合了绝对位置编码和相对位置编码的思路。RoPE 通过对词嵌入做三角函数正弦和余弦的缩放旋转，从而叠加位置编码信息到词嵌入上，如图 2-5 所示。

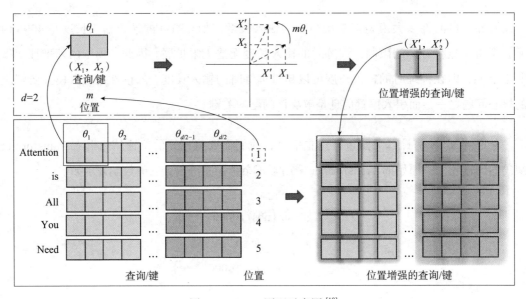

图 2-5　RoPE 原理示意图 [18]

具体而言，对绝对位置使用旋转矩阵进行编码，相对位置融合到自注意力机制，并添加至上下文嵌入表示中。对于任意向量 q 位于位置 m 时，它的第 i 组分量的旋转弧度为：

$$m \cdot \theta_i = m \cdot \text{base}^{-2i/d}$$

其中，d 表示向量 q 的维度，base=10000。旋转位置编码既保留了原始 Transformer 结构正弦位置编码引入序列长度的灵活性，又为线性自注意力机制加入了相对位置编码。此外，它还引入了相距越远，词元之间的依赖性越弱的机制，更有利于推理时长序列编码的外推。因此，该方法也被应用于 LLaMA[19]、ChatGLM[20, 21] 等主流大模型中。

2.4　词元化

为了使计算机能够理解和生成人类自然语言，首先需要将自然语言文本转化为适合计算机运算的数值向量表示。这一过程被称为词元化（Tokenization），它负责将文本序列处理为词元这一基本元素。词元可以继续被编码成向量，作为后续模型的输入。

1. 传统词元化方法

传统的自然语言处理词元化的方法是分词，即对给定训练语料中的句子按单词粒度进行切分，然后统计各个词的频率，按照词频选出频率最高的、大小为 N 的词构成词表。推理时，词表之外的词按照未知词 "<UNK>" 处理。例如，针对文本 "I am studying English"，按照单词粒度切分后的结果是：[I, am, studying, English]。

词表大小 N 的选择要兼顾计算效率和覆盖率。如果 N 太小，那么会遇到很多未知词，影响向量化的多样性从而影响模型的效果；如果 N 太大，则影响模型的训练和解码速度。

基于单词的切分方法不能很好地应对英文中同一个单词的不同形态，比如 drink、drinking 和 drinks，它们意思相近，均来源于 drink，但是按照单词切分的方法会将它们当作不同的词。

另一种词元化的方法是将文本按字符粒度进行切分。字符的数量有限，任何单词都可以表示成这些字符的组合，因此该方法可以有效地避免 OOV 问题。仍以前文中的例子为例，基于字符粒度进行切分后的结果是：[I, a, m, s, t, u, d, y, i, n, g, E, n, g, l, i, s, h]。但这种方法引入了新的问题，单词被切分成字符之后，输入序列变长，相应的模型计算量也增加了，同时单词层面的语义信息也丢失了。

2. 子词词元化方法

针对以上问题，研究者提出了子词词元化（Subword Tokenization）方法。基于子词的切分方法的切分粒度介于单词和字符之间，同时兼顾了两者的优势，既能保留单词的语义信息，词表的规模也不至于太大，同时又可避免 OOV 问题。对于前文示例，按子词粒度分词后的结果是：[I, am, study, ing, English]。

词元化的一般步骤如下：

1）规范化（Normalization）。大小写转换、非规范字符、缩略词等替换为标准形式。

2）预分词（Pre-tokenization）。对于英文等语言，可以直接基于空格切分单词；对于非空格分词语言，借助分词工具就可以进行单词切分。

3）子词切分。采用具体的子词切分方法将单词切分为子词词元序列。

4）后处理（Post-preprocessing）。添加一些可能的特殊词元，例如添加起始、结束、未知 <UNK> 符号等。

子词切分方法也需要训练，但是与传统的机器学习中使用梯度下降方法优化损失函数不同，子词切分的训练是从给定语料库中构建出最适合的子词集合形成最终的词表。于是，如何选取子词成为关键，即不同子词切分方法的区别。目前主流的子词切分方法有 Byte-Pair Encoding、WordPiece 和 Unigram 三种，它们是构建预训练语言模型的基础，下面逐一进行介绍。

2.4.1　BPE

BPE（Byte-Pair Encoding，字节对编码）[22] 是 OpenAI 提出的构建预训练模型的一种分词方法。业界流行的多种预训练模型，如 GPT-1[23]、GPT-2[24]、RoBERTa[25]、BART[26] 以及 DeBERTa[27] 等均采用该方法。

BPE 方法首先需要预处理文本，将词再切分成最小的基本单位，即字符序列，用于初

始化词表；然后采用合并规则不断合并词表中的词，直到词表的大小达到预期。具体来说，
BPE 方法中的合并规则如下：在词表中选择出现频率最高的子词对，然后将上述词对合并
成一个新词，附加到词表末尾。将词表中所有上述词对都合并成新词，并更新原有的两个
子词。下面通过一个具体的例子来讲解以上的步骤。

假设文档预处理后包含以下单词：

("cats", 20), ("bat", 18), ("mat", 15), ("fat", 12), ("sat", 10), ("ant", 1)

其中数字代表词频。那么基于以上单词，我们可以构建出基础词表：

语料集: ("c" "a" "t" "s" "</w>", 20), ("b" "a" "t" "</w>", 18), ("m" "a" "t" "</w>", 15), ("f"
"a" "t" "</w>", 12), ("s" "a" "t" "</w>", 10), ("a" "n" "t" "</w>", 1)。

词表: ["a", "b", "c", "f", "m", "n", "s", "t", "</w>"]。

其中，</w> 代表终止符，用于判断单词的边界。如果没有 </w>，那么"at"可以出现在单
词其他位置，比如"athlete"，添加 </w> 之后限制了该子词位于句尾的情况。

在实际应用中，该基础词表可能包含更多的字符，比如 ASCII 字符，甚至一些 Unicode
字符。

在接下来的过程中，我们会基于已经获取的基础词表，向里面不断增加新的词元，直到
词表的规模达到我们设定的预期大小。这一合并过程首先构建出包含两个字符的词元，并且
一直扩展到更长的子词。在这一过程中，词表可能变大、变小或维持：变大意味着加入了合
并后的新词，同时原来的两个子词也保留下来；变小意味着随着新词的加入，原来的两个子
词都被消除了；不变意味着随着新词的加入，其中一个子词被保留，另外一个被消除了。

BPE 方法查找出现频次最高的词元对，并将其进行合并。此处的词元对指的是在一个
单词中连续出现的两个词元。仍用上面的例子，在这一步骤中，最高频词元对"a"和"t"
出现了 20+18+15+12+10=75 次，将其合并成"at"，则有

语料集：("c" "at" "s" "</w>", 20), ("b" "at" "</w>", 18), ("m" "at" "</w>", 15), ("f" "at" "</w>", 12), ("s" "at" "</w>", 10), ("a" "n" "t" "</w>", 1)。

词表：["at", "a", "b", "c", "f ", "m", "n", "s", "t", "</w>"]。

可见，此时的语料中增加了"at"，大小增加了1。接着，我们继续统计相邻子词的频数。此时，最高频连续子词对"c"和"at"出现了20次，将其合并成为"cat"，则有

语料集：("cat" "s" "</w>", 20), ("b" "at" "</w>", 18), ("m" "at" "</w>", 15), ("f " "at" "</w>", 12), ("s" "at" "</w>", 10), ("a" "n" "t" "</w>", 1)。

词表：["cat", "a", "b", "at", "f ", "m", "n", "s", "t", "</w>"]。

重复以上步骤，直到词表大小达到预设值或者最高频的子词对已经达到频率1为止。

2.4.2　字节级BPE

为了进一步降低BPE的词表大小，字节级BPE（Byte-level BPE，BBPE）方法将所有字符都表示为UTF-8格式，然后将这个UTF-8字符串当作一个字节序列来处理。这项改进对跨语言的训练语料尤其重要。与BPE使用字符构建基础词表不同，BBPE采用字节作为基础词表。这样基础词表的基本组成单位最多只有256。在构建完基础词表之后，BBPE使用与BPE一样的迭代算法，继续扩充词表。

采取BBPE的最大好处就是实现跨语言共享词表，但是对于中文，因为采取了字节构建词表，中文序列的长度会显著增加。BBPE方法在GPT-2模型中被采用，GPT-3也沿用了这一方法。

2.4.3　WordPiece

WordPiece[28]是Google提出的一种分词方法，它也被应用在许多预训练模型中，如BERT、DistilBERT[29]、MobileBERT[30]等。WordPiece的训练过程与BPE类似，也是从一

个基本字符集作为词表初始化，然后开始逐渐合并。区别在于 WordPiece 和 BPE 的子词合并规则不同：BPE 的合并规则是选择出现频次最高的子词对加入词表，而 WordPiece 则是选择能最大化训练数据可能性的子词对加入词表。

具体来说，WordPiece 首先根据基础的子词词表构建一个语言模型，然后用该语言模型评估整个训练集的语言模型似然（Language Model Likelihood）。在合并子词的时候评估所有的子词对，计算合并了该子词对后得到的新的语言模型是否增加了整个训练语料的似然。WordPiece 选择增加似然值的最大的子词对进行合并，直到获得目标大小的词表或者似然达到预期数值为止。

假设我们有一个训练语料集 $S = (t_1, t_2, \cdots, t_n)$ 由 n 个子词构成，其中 t_i 为第 i 个子词。那么这时候整个数据集的对数似然值是：

$$\log P(S) = \sum_{i=1}^{n} \log P(t_i)$$

针对其中某一对子词 (t_i, t_j)，将其合并成一个新词 t_{ij} 之后的对数似然值变为：

$$\log P(t_{ij}) - \left(\log P(t_i) + \log P(t_j) \right) = \log \left(\frac{P(t_{ij})}{P(t_i)P(t_j)} \right)$$

上面的公式也是两个子词 t_i 和 t_j 之间的互信息（Mutual Information）。互信息可以反映合并这对子词之后对语料的改善程度。WordPiece 选择能最大程度提高训练语料似然的那一对子词，就等价于选择互信息最大的子词对进行合并，而互信息最大代表这两个子词经常在训练语料中同时出现。

2.4.4 Unigram 语言模型

Unigram 语言模型（Unigram Language Model，ULM）[31] 是 Google 在 2018 年提出的一种子词切分方法，这种切分方法被 ALBERT[32]、T5、mBART[33]、XLNet 等预训练语言

模型使用。ULM 与 WordPiece 类似，也采用语言模型来评估是否词表中应该收录某个词。ULM 使用了一元语法语言模型，与 BPE 和 WordPiece 的区别在于：ULM 首先构造一个大的初始词表，由语料中的所有字符加上常见的子字符串构成，然后逐步评估，剔除词表中的罕见子词，直到词表大小达到预期为止。

2.4.5 SentencePiece

SentencePiece[34] 是 Google 推出的子词开源工具包，里面集成了 BPE 和 ULM 子词切分方法。与上述的几种需要先分词的方法不同，SentencePiece 实现了直接从句子训练得到子词的方法。这一点对于中文和日文这样没有明确分隔符的语言非常有用。SentencePiece 以 Unicode 方式编码字符，解决了多语言编码方式不同的问题，同时通过优先级队列优化了分词速度。SentencePiece 被广泛应用于机器翻译、文本摘要、语言建模等多个领域，并且在处理多语言时表现出了良好的效果。

2.5 解码策略

无论是自编码模型还是自回归模型，都是在解码阶段的每个时间步逐个生成最终文本。所谓解码，就是按照某种策略从候选词表中选择合适的词输出。除了对于模型本身的改进，不同的解码策略也对文本生成的质量和多样性起到重要作用。

语言模型的解码过程可被描述为：给定 m 个文本序列 $x_1, x_2, \cdots, x_m$ 作为上下文，生成 n 个连续单词从而得到完整的文本序列 $x_1, x_2, \cdots, x_m, x_{m+1}, \cdots, x_{m+n}$。生成完整文本序列的概率为：

$$P(x_1, x_2, \cdots, x_{m+n}) = \prod_{i=1}^{m+n} P(x_i \mid x_1, x_2, \cdots, x_{i-1})$$

最直接的解码策略显然是最大化文本序列的概率。假设词表大小为 V，最大文本序列长度为 L，则整个搜索空间是 V^L，计算复杂度过高，在实践中不可行。容易证明，在词表中找到最可能出现的文本序列是一个 NP 难问题。因此，我们需要用启发式算法来逼近最优解。

2.5.1　贪心搜索

一种直观的简化方案是贪心搜索（Greedy Search），即在每个时间步，都选择最大概率出现的词汇作为下一个词。虽然看上去合理，但它有可能会陷入不断重复的死循环中。此外，每次选择最高概率单词作为结果的贪心策略，有可能不是全局最优解：即每步都选择了最大概率出现的单词，但生成的句子并不是最合理的。

以图 2-6 为例说明贪心搜索的过程：在第一个时间步选择概率最大的单词"你"，在第二个时间步选择概率最大的单词"好"，在给定"你好"的条件下，在第三时间步选择最大概率出现的单词"吗"，最终生成文本"你好吗"，整个句子的生成概率为 $0.7 \times 0.8 \times 0.6 = 0.336$。

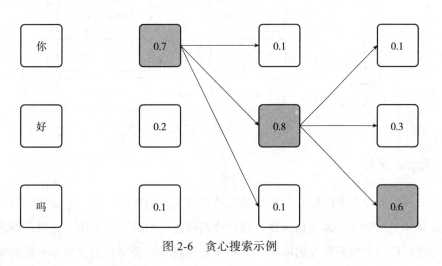

图 2-6　贪心搜索示例

2.5.2　集束搜索

前面分析过，如果想找到最优解，需要对整个搜索空间进行遍历，计算量巨大。为解决这个问题，集束搜索（Beam Search）应运而生。它的核心思想是在每个时间步，用上一步 K 个概率最大的文本序列与词表中的每个词汇进行组合，并保留前 K 个生成概率最大的文本序列，为下一步生成做准备。不断重复这个过程，直到遇到终止符或达到最大生成长度为止。相比于贪心搜索，集束搜索通过保留 K 个文本序列（实践中常用堆进行实现），一定程度上扩大了搜索空间，生成了更好的结果。贪心搜索是集束搜索在 $K=1$ 时的特例。

以图 2-7 为例说明 $K=2$ 时集束搜索的过程：第一个时间步保留两个候选结果"你"和"好"，第二个时间步也保留两个最优结果"你好"和"好吗"，第三个时间步输出最终结果"你好吗"。

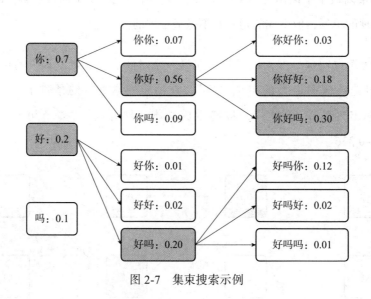

图 2-7　集束搜索示例

2.5.3　Top-k 采样

集束搜索和贪心搜索的核心思想都是生成出现概率最大的句子。但这样生成的结果可能是短小且常见的句子，缺乏信息量。有研究发现：人类语言常常出人意料，即说出的话并不总是语言模型中概率最大的单词[35]。由于集束搜索总是选择最大概率出现的单词，因此生成的句子没有新意。

图 2-8 很好地说明了集束搜索生成的句子与人类语言的区别，集束搜索生成的句子用词较为常见，但人类语言所用词汇出现的概率更富有多样性。具体来说，在几个连续时间步里，人类语言所用的词汇很少一直使用高频常见词，而可能会突然转向使用低频但更富有信息量的词汇，这也是人类语言的一个内在属性。当然，这只是后验观察，很难用确定性算法进行精确刻画。不过可以确定，使用集束搜索生成的句子与人类语言的概率分布有很

大差异，人类语言不是通过最大化句子出现概率的方式产生的。

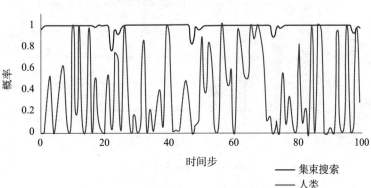

图 2-8 集束搜索与人类语言用词分布

解决这个问题最直接的方案就是引入采样机制增加随机性，既然集束搜索每次仅关注最好的一个选项，那么是否可以增加候选词集合的大小，从而达到用词更多样的效果？这就是 Top-k 采样：在解码的每个时间步取前 k 个概率最大的词，将它们的概率缩放调整，并按缩放后的概率分布采样得到生成的单词。本节的 Top-k 采样和下节介绍的核采样本质上都是舍弃长尾词并重缩放头部词概率分布的方案。

具体来说，给定概率分布 $P(x|x_1,x_2,\cdots,x_{i-1})$，定义它的 Top-$k$ 词表为 $V^{(K)} \subset V$，且 $V^{(K)}$ 中的词出现的概率是最大的 k 个。令 $p' = \sum_{x \in V^{(K)}} P(x|x_1,x_2,\cdots,x_{i-1})$，如果 $x \in V^{(K)}$，则将可选词的概率分布重缩放为：

$$P'(x|x_1,x_2,\cdots,x_{i-1}) = P'(x|x_1,x_2,\cdots,x_{i-1}) / p'$$

否则，令 $P'(x|x_1,x_2,\cdots,x_{i-1}) = 0$。

以图 2-9 为例说明 Top-k 采样的方法，图中是 $k=3$ 的情况，则在此时间步的可选词将由 10 个变为概率最高的 3 个，将它们的概率分布重缩放后进行采样，其他时间步也类似。

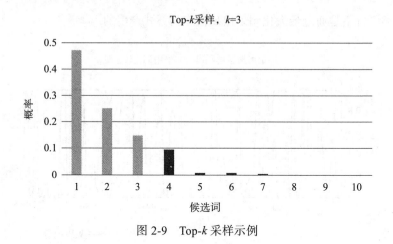

图 2-9   Top-k 采样示例

2.5.4   核采样

在实践中，由于 Top-k 采样 k 是固定值，因此 k 的选择是一个难题，有时前 k 个词的概率分布较为均匀，有时概率分布又集中在很少的一些词中，导致生成一些比较通用的词汇，有时会增加采样长尾词的概率，导致语句不通顺。于是，核采样（Nucleus Sampling，也称 Top-p 采样）解码策略被提出。它的主要思想是在每个时间步，概率分布总集中在少数关键的"核"词集合中，因此我们可以利用概率分布的不同，动态地调整采样集合的大小。即给定一个概率阈值 p，从解码词候选集中选择一个最小词表 $V^{(p)}$，使得它们出现的概率和大于或等于 p：

$$\sum_{x \in V^{(p)}} P\left(x \mid x_1, x_2, \cdots, x_{i-1}\right) \geqslant p$$

之后，与 Top-k 采样方式一样，针对这个词表对概率分布进行缩放，当前时间步仅从这个词表中解码。这样就实现了在不同时间步，随着解码词的概率分布不同，候选词集合的大小动态变化的效果。由于解码词还是从头部候选词集合中筛选，这样的动态调整可以使生成的句子在满足多样性的同时又保持通顺。

如图 2-10 所示，选择 p=0.92，在第一时间步，候选词集合由 10 个变为 3 个；在第二时间步，候选词集合由 10 个变为 8 个，在不同时间步，随着候选词概率分布的不同，候选词集合的大小也随之动态调整。

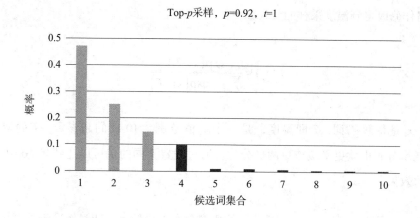

Top-p采样，p=0.92，t=1

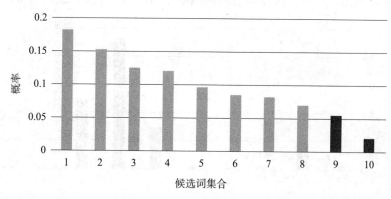

Top-p采样，p=0.92，t=2

图 2-10　Top-p 采样示例

2.5.5　温度采样

除了上述几种策略外，温度采样（Temperature Sampling）也是一种常见的解码策略，该方法直接缩放原有的解码词分布。

原始的 Softmax 函数为：

$$p\left(x_i\right) = \frac{\exp\left(x_i\right)}{\sum_{x_j \in V} \exp\left(x_j\right)}$$

对其略作修改得到温度采样的公式如下：

$$p\left(x_i\right) = \frac{\exp\left(x_i / T\right)}{\sum_{x_j \in V} \exp\left(x_j / T\right)}$$

其中，x_i 是待解码词，T 即温度，是一个取值范围为 [0,1) 的超参数，T 的取值不同，解码词的概率分布也就更平缓或更两极分化。通过设置不同的 T 可以达到与 Top-k 和 Top-p 采样类似的效果。

由图 2-11a 可见，原始的 10 个候选词的概率分布差异较大，明显倾向于选择第 7 个词。而使用温度采样重缩放之后，10 个候选词的概率分布均匀了很多，选词的多样性得到了明

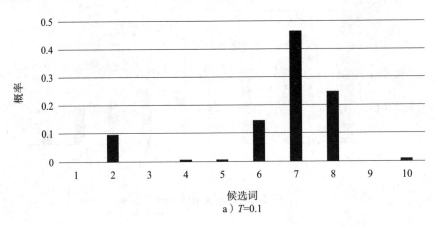

候选词
a）T=0.1

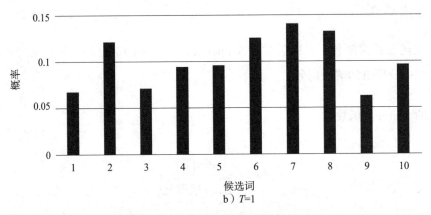

候选词
b）T=1

图 2-11　不同 T 值对概率分布的影响

显提升。而概率分布的差异程度可以通过超参数 T 进行控制：T 越大，概率分布越接近均匀分布，也就是模型越倾向于选择偏门的词汇；反之，T 越小，概率分布越不均匀，模型越倾向于选择出现概率大的词汇。一般来说，温度对生成效果有如下影响：温度高可能会导致生成重复的内容，而温度低可能导致生成不连贯或不合逻辑的内容。

本质上，上述几种解码策略都是优化解码词概率分布，通过缩放增加可选词的多样性，同时不损失通顺度。但它们都引入了一个新的超参数，在实际应用中还需要进一步人工调优。

此外，解码策略的选择不是非黑即白的问题，需要在不同场景下进行具体分析和选择。贪心搜索和集束搜索虽然简单，但并不意味着它们的效果总是较差。有研究证明，在训练得当的情况下，它们能生成比核采样更好的文本序列。

2.6 小结

本章主要介绍大模型的基础知识和底层工作原理。我们首先探讨了早期的 Seq2Seq 结构，随后详细阐述了注意力机制的原理，这一机制使模型能够在生成输出时对输入序列的不同部分分配不同的注意力权重，从而更好地处理长距离依赖关系。接着，我们介绍了 Transformer 模型，它将注意力机制推向了新的高度。Transformer 通过自注意力机制替代了传统的 RNN 结构，从而大大提高了模型的并行计算效率，并有效地捕获了输入序列和输出序列之间的复杂关系。最后，我们讲解了常见的词元化方法和解码策略，它们在提高模型性能和生成结果质量方面发挥着重要作用。

第 3 章

大模型学习范式的演进

基座模型是大模型技术的一个重要概念。它指的是一系列通过自监督学习在大规模数据集上训练得到的模型，具有强大的通用性和灵活性。这些模型能够理解和捕捉丰富的语言特征及广泛的世界知识，为多种下游任务提供了一个共享的、高质量的知识基础。基座模型的一个关键优势在于它们可以通过微调，针对具体任务进行优化，从而在不同的应用场景中实现高效的定制化解决方案。这种能力使得基座模型在多个领域展现出了巨大的潜力和价值，被视为推动人工智能技术前进的重要里程碑。

随着模型规模不断扩大，基座模型的学习范式也在不断演化。早期如 BERT 和 GPT-1 等模型采用预训练与微调范式，即先在大规模语料上进行无监督预训练，再通过有监督微调来适配特定任务。后来以 GPT-2 和 T5 为代表的多任务学习（Multi-Task Learning）范式兴起，在预训练阶段就融入多种任务数据，从而使模型具备更强的泛化能力。之后 GPT-3 通过其庞大的规模和复杂度，展现了在提示学习、少样本学习以及上下文学习等方面的出色能力，进一步提升了模型的泛化能力和灵活性。

本章回顾并梳理了大模型学习范式演进的脉络，特别是以 BERT 为代表的预训练与微调范式、以 GPT-2 为代表的多任务学习以及以 GPT-3 为代表的更大规模模型的能力。

3.1 预训练与微调的原理和典型模型

预训练与微调技术是近年来自然语言处理领域的重要突破。随着早期模型如 BERT、GPT-1 等的问世，预训练与微调范式被广泛应用于各种自然语言任务中。在该范式下，研究方向转为如何设计预训练和微调阶段的训练目标，从而使模型性能更好。预训练与微调范式推动了许多自然语言处理任务的进步，堪称该领域的里程碑式创新。

3.1.1 预训练与微调

预训练与微调分为两阶段进行：首先，在预训练阶段一般使用大量的无监督文本数据对模型进行训练，使模型获取通用的语义表示能力；然后，在微调阶段使用少量与目标任务相关的标注数据进行微调，使得模型具备适配下游任务的能力，进而在下游任务上有更好的表现。

预训练阶段的目标是让语言模型理解和学习语言相关的通用知识，包括句法、语法和语义等信息。为达到这一目的，该阶段一般需要较大规模的训练数据。例如，BERT 模型使用了 137B 词元来进行预训练，而 LLaMA 2 70B 更是使用了高达 2000B 词元来进行预训练，详见表 1-1。由于构建大规模的标注数据通常是非常困难的，因此预训练阶段一般采用无监督、弱监督或自监督等方式在无标注的数据上进行训练。

如果说预训练阶段是让语言模型理解关于语言的通用知识，那么微调阶段的主要目的是让语言模型可以更好地学习某个领域内的知识，从而更加适配具体要面对的下游任务。这一阶段一般通过监督学习来实现，需要少量的任务相关的标注数据。例如，如果下游任务是句子情感分析，那么就需要带有情感分类标签的句子作为训练数据。

图 3-1 以 BERT 为例展示了其预训练和微调技术。在预训练阶段，它主要采用常见的文本数据作为输入数据，整个网络的训练目标是掩码语言建模（Masked Language Modeling，MLM）和下一句预测（Next Sentence Prediction，NSP）。例如，在 MLM 任务中，BERT 可能会接收到一句话，如"深度学习是人工智能的一个子领域"，其中"学习"

一词可能会被随机屏蔽掉，变为"深度 [MASK] 是人工智能的一个子领域"，模型需要预测出被屏蔽掉的词是"学习"。在 NSP 任务中，BERT 可能会接收到一对句子"A：深度学习推动了 AI 的发展。B：它是机器学习的关键技术。"，模型需要判断句子 B 是否句子 A 的下文。通过这两种方式，BERT 能够学习上下文相关的信息和句子之间的关系，从而更好地理解语言。

在微调阶段，根据所要面对的具体下游任务，需要采用相关的数据来对网络进行微调。例如在图 3-1 中，BERT 采用了命名实体识别（Named Entity Recognition，NER）、斯坦福问答数据集（Stanford Question Answering Dataset，SQuAD）[36]、多类型自然语言推理（Multi-Genre Natural Language Inference，MultiNLI）[37] 等不同任务进行微调。以 SQuAD 问答任务的微调为例，在微调过程中，一个可能的输入是问题"BERT 模型是由谁提出的？"和一个包含答案的段落。BERT 模型不仅要理解问题的意图，还要在段落中找到正确答案所在位置。训练目标是调整 BERT 模型的权重，使其在接收到类似问题时能够准确地指出答案的起始和终止位置，从而在 SQuAD 这样的问答任务上表现良好。通过这种方式，BERT 可以从词语和句子关系的理解转变为能够解决具体的自然语言处理任务。

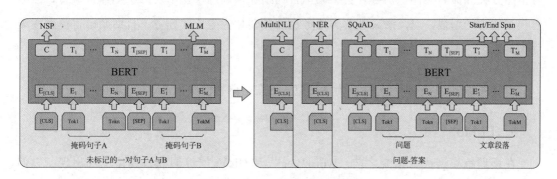

图 3-1　BERT 的预训练与微调

与传统的监督学习相比，预训练与微调技术具有显著的优势。特别是 BERT 的出现标志着自然语言处理领域的一次重大突破，它在当时一举击败了多个自然语言任务的最优结果，包括 SQuAD、GLUE（General Language Understanding Evaluation，通用语言理解评估）[38]、MultiNLI 等。预训练与微调技术之所以能够取得如此卓越的效果，是因为它采用了规模庞大的神经网络和大量的预训练数据。这使得模型在语言理解方面达到了前所未有的高度，从而在各种任务上都表现出色。同时，预训练与微调技术也大幅降低了数据标注的需求，显著节省了人力和时间成本。

3.1.2 三个典型模型

第 1 章已经介绍了传统的 n-gram 语言模型的原理：根据上文来预测下一个可能出现的词。最常见的应用是根据前面已经出现的内容来预测后面的单词。这一类语言模型通常被称为自回归语言模型（Autoregressive Language Model），常见的自回归语言模型有 GPT 系列模型等。与之对应，能够同时利用左右两侧的上下文信息的语言模型，称为自编码语言模型（Autoencoder Language Model）。常见的自编码语言模型有 BERT[39]、RoBERTa[40] 和 ALBERT[32] 等。

自回归语言模型和自编码语言模型各有千秋。自回归语言模型擅长生成式任务，但缺点是不能同时利用双侧的上下文信息，典型应用场景有文本生成和文本摘要等。而自编码语言模型能更好地利用上下文信息，因此它在语义理解任务上的表现更好，典型应用场景有情感分类和命名实体识别等。自编码语言模型在预训练模型出现的早期非常流行，但随着模型能力的增强，以及语义理解类任务也能被转化为生成式任务，自回归语言模型逐渐成为主流。

本节主要介绍以预训练与微调为学习范式的三个典型模型：ELMo、GPT-1 与 BERT。

1. ELMo

在预训练模型成为主流之前，Word2Vec[41] 和 GloVe[42] 等词嵌入模型已经出现。它们的主要思想将离散的词转化成连续的语义向量，该向量可以用于下游的自然语言处理任务。这种将词通过预训练的方法转化成向量的思想对后续的研究和领域发展产生了深远的影响。但 Word2Vec 的缺点是它们学习到的词与向量之间的映射是一个静态的对应关系，并不能很好地考虑单词的上下文，也就是该关系是上下文无关的。而真实的自然语言非常复杂，经常存在一词多义等现象，比如"Apple"有时候指的是吃的水果，有时候指的是某著名电子消费产品公司。为解决这一问题，研究者提出了 ELMo（Embeddings from Language

Model）模型[43]，该模型致力于学习考虑了上下文的词序列表示。

如图 3-2 所示，ELMo 以 LSTM 作为基本构成单元，ELMo 训练的目标是构建一个语言模型。推理时，它可将输入的句子或词动态地转化成一个向量。可以看到，区别于此前工作的静态方式，该向量可以充分考虑上下文信息，因此学习到的向量表示更加准确，在下游任务中使用也能产生更好的效果。由于 LSTM 存在梯度消失的缺点，且 ELMo 模型的深度受限，因此它的效果逊于后续的 BERT 等模型，但它的设计思路启发了后续出现的预训练模型。

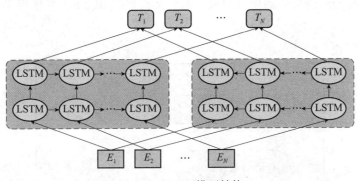

图 3-2　ELMo 模型结构

图 3-3 展示了 ELMo 的训练和使用流程，首先在较大语料库上训练得到 biLM 语言模型，然后再利用该模型产生的词嵌入作为传统词向量的补充特征，参与到下游的自然语言处理任务中，得到更好的效果。

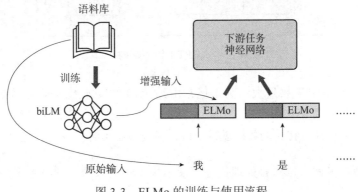

图 3-3　ELMo 的训练与使用流程

2. GPT-1

GPT 是 Generative Pre-trained Transformer 的缩写，本书称之为 GPT-1，以示与后续 GPT 模型的区别。GPT-1 是早期出现的预训练模型之一[23]，由 OpenAI 提出。与 ELMo 不同的是，它由 Transformer 作为基本组成结构。前文已经提及，Transformer 具有强大的长序列信息捕捉能力，因此由 Transformer 构成的 GPT-1 也展现出更加强大的能力。

如图 3-4 所示，GPT-1 属于自回归模型，整个模型的训练目标同样是构建语言模型。GPT-1 由 Transformer 的解码器模块构成，而后文提到的 BERT 主要使用 Transformer 的编码器模块构成。

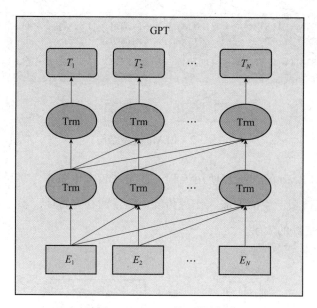

图 3-4   GPT-1 模型结构

整个 GPT-1 模型的参数量大约为 1 亿，由约 5GB 的文本数据训练而成。如图 3-5 所示，在具体的使用过程中，模型首先在无标注的文本上进行自监督预训练，然后可在预训练模型的基础上使用任务相关的数据进行微调，最终适配下游任务。

GPT-1 模型在多种自然语言处理任务上展示出不错的效果，同时考虑到它是自回归语言模型，因此更擅长生成式任务。

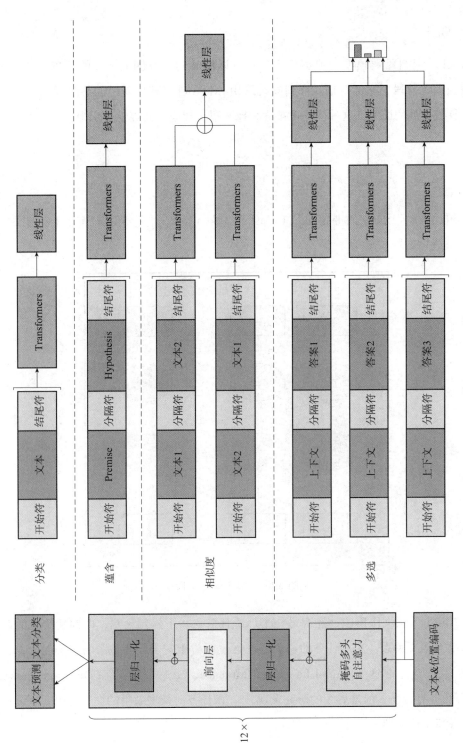

图 3-5　GPT-1 在下游任务上的使用流程

3. BERT

BERT[39] 是自编码模型的典型代表，它可以同时利用双侧上下文的信息。如图 3-6 所示，在预训练阶段，它针对输入序列随机采用 [MASK] 来替换其中的某些词元，然后令模型来恢复被替换的词元。这种任务也被称为掩码语言建模，其数学表示为：

$$\text{Loss}_{\text{MLM}} = -\sum_{\hat{x} \in m(x)} \log p\left(\hat{x} | x_{\setminus m(x)}\right)$$

其中，$m(x)$ 表示句子 x 中的屏蔽词元（Masked Token），$x_{\setminus m(x)}$ 表示除去当前屏蔽词元之外的其他词。

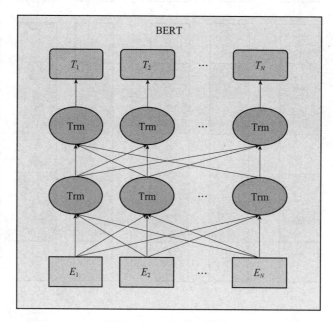

图 3-6　BERT 模型结构

在 BERT 的预训练阶段，还有另一个训练任务——下一句预测，即判断给定的两个句子是否是上下文关系。这一任务的初衷是增强模型对于句子之间关系的理解能力，进而对后续的自然语言推理（Natural Language Inference，NLI）和问答（Question Answering，QA）等任务有帮助。但是后续的研究发现[40]，该任务对模型效果的提升有限，所以后续工作逐渐去掉了这一训练目标。

如图 3-7 所示，在微调阶段，BERT 模型使用不同的标注数据进行微调。以句子分类为例，假设给定的标注数据是由 $\{(x_i, y_i)\}_{i=0}^{N}$ 这样的样本构成的，针对这一任务，微调的训练目标为：

$$\text{Loss}_{\text{FT}} = \sum_{m=1}^{N} \log\left(y_m | x_m\right)$$

其中，x_i 代表数据集中第 i 个句子，y_i 代表第 i 个句子对应的分类标签，N 为整个数据集大小。

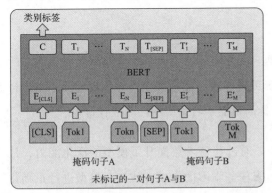 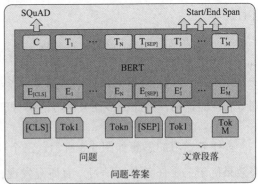

a）句子分类任务：MNLI、QQP、QNLI、　　　　b）问答类任务：SQuAD v1.1
STS-B、MRPC、RTE、SWAG

图 3-7　BERT 在不同下游任务上的应用

BERT 的出现引起了广泛关注，许多下游应用模型纷纷涌现。各种垂直领域开始将 BERT 应用于实践，推出了多种专注于特定领域的 BERT 模型，比如针对表格数据的 TaBERT[44] 和视觉领域的 VisualBERT[45] 等。值得一提的是，BERT 所采用的预训练与微调学习范式，使自然语言处理技术进入全新的发展阶段。

3.2　多任务学习的原理和典型模型

多任务学习通过同时学习多个相关任务来提高模型的性能和泛化能力。与传统的单任务学习相比，多任务学习可以利用任务之间的相关性和共享的表示，进一步提升模型的性能。具体而言，3.1 节提到的预训练与微调范式需要使用相应的监督数据微调，带来额外的成本，而 GPT-2[24] 探索了通过使用多任务学习来构建更加通用的模型的可能性。

3.2.1 多任务学习

"多任务学习"这一概念最早在 1997 年被提出[46]。多任务学习可被认为是一种归纳式迁移方法，通过在统一的模型框架中处理多个相关任务，它可以提高模型的泛化能力和效率，从而更好地应对现实世界中的复杂问题。这种方法可以使模型在不同任务之间共享知识和表示，从而提高数据利用效率，并且可以通过学习任务之间的相关性来提升模型的整体性能。

研究者认为，在单一领域数据集上进行单一任务训练是当前系统普遍缺乏泛化能力的主要原因之一[47]。要向更强大的机器学习系统迈进，很可能需要在各种领域和任务上进行训练和性能评测，因此，多任务学习框架对于提高机器学习系统的性能很有希望。

多任务学习的思想如图 3-8 所示，三个任务通过共享参数提升了模型的泛化能力，最终效果优于三个任务单独学习。有研究发现，多任务学习的作用方式与对模型进行正则化类似，进而实现提升泛化性的效果[48]，而这种方式相较于 L1 正则的方式更为方便、实用。此外，多任务学习对于数据稀疏的任务比较友好，一定程度上可以解决冷启动的问题。

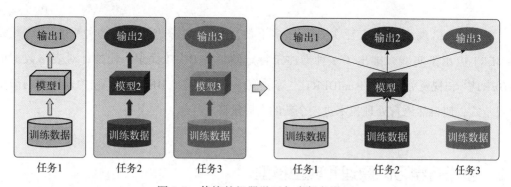

图 3-8　传统的机器学习与多任务学习

在深度学习领域，常见的多任务学习方式有硬参数共享（Hard Parameter Sharing）和软参数共享（Soft Parameter Sharing）两种方式。图 3-9a 展示了一种通过硬参数共享实现多任务学习的网络结构，它通过多个任务共享网络中的前几层参数，同时在输出层相互独立来实现硬参数共享。与之相对，图 3-9b 展示了一种通过软参数共享实现多任务学习的网络结构。其中每个任务都有自己的模型参数，同时，不同模型的参数通过正则化的方式来尽量趋近相似。区别于硬参数共享，软参数共享通过增加一些约束来鼓励不同任务的参数尽可能相似。

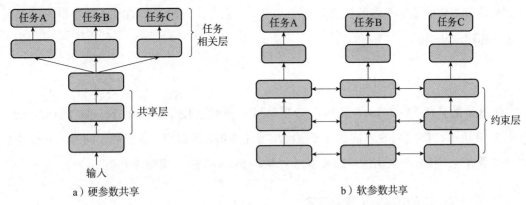

a）硬参数共享　　　　　　　　　　　　b）软参数共享

图 3-9　多任务学习的参数共享

与 BERT 和 GPT-1 采用的预训练与微调学习范式不同，GPT-2 将多种自然语言处理任务使用多任务学习框架进行统一，使用无监督的预训练模型做有监督的任务。

3.2.2　两个典型模型

本小节主要介绍两个多任务学习范式下的典型模型：GPT-2 和 T5。

1. GPT-2

GPT-2[24] 的主要目标是构建更具泛化能力的词嵌入模型，并且试图探索一个足够好的预训练语言模型是否可以直接泛化到多种下游任务中。举个例子，如果语言模型能准确地生成"姚明是 NBA 最成功的中国籍球员"，那么它也能解决"问答：谁是 NBA 最成功的中国籍球员"，给出"姚明"这一答案。

为验证上面想法，GPT-2 扩大参数规模至 15 亿，并且在更大且更多样化的数据集上进行训练。GPT-2 依旧沿用语言模型的目标函数，但是它增加了任务标签。举个例子，翻译任务可以写成"(translate to french, english text, french text)"，阅读理解任务也可以写成"(answer the question, document, question, answer)"。在训练数据上，它主要是用了基于 Reddit 构建的约 40GB 的 WebText 数据集[24]。

GPT-2 的实验证实了大规模模型在经过多样化数据的训练后，可以在零样本和无监督训练的设定下完成多种不同的任务。这个发现为后来更大规模模型 GPT-3 的诞生提供了先行指引和理论基础。

2. T5

Google 的研究者在 2019 年提出了 T5 模型[49]，全称为 Text-to-Text Transfer Transformer。如图 3-10 所示，T5 通过在不同的任务前面增加任务相关的前缀，将翻译、问答、分类等不同自然语言处理任务都采用统一的文本到文本（Text-to-Text）模型来处理。

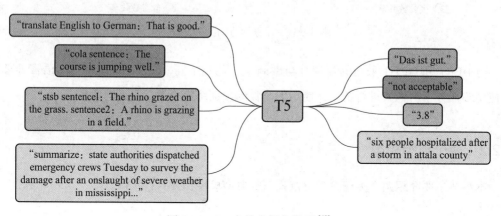

图 3-10　T5 中的多任务学习[49]

举个例子，要实现图 3-10 中的英文到德文的翻译任务，输入"translate English to German: That is good."，目标输出是"Das ist gut"。这样设计的好处是多种任务可以共享同一个网络结构和损失函数进行训练。

T5 的网络同样采用编码器－解码器结构，采用去噪目标函数（Denoising Objective）作为训练目标，即恢复输入中被随机掩码的词元。图 3-11 给出了一个去噪目标函数的例子，对句子"I was excited to finally go on vacation with my family"中的"excited"和"go on vacation"两部分进行随机掩码，做法是将这些词元序列用哨兵词元（Sentinel Token，例如图中的"<X>"和"<Y>"）来代替，而输出是预测这些被屏蔽的哨兵词元的内容，格式是：哨兵词元加上词元内容，并以最终的哨兵词元"<Z>"结尾。

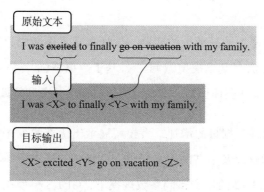

图 3-11　T5 中的去噪训练目标[49]

T5 提出了一种全新的视角，统一了自然语言处理中的理解和生成任务，将所有任务都囊括到文本到文本这一框架之下，同时也是后续提示学习思想的雏形。

3.3　大规模模型的能力

基座模型变得更加庞大和复杂，它们在收到很少量标注样本的情况下也能有效学习，展现了在少样本甚至零样本学习方面的卓越能力。在这一发展阶段，新的概念如提示学习和上下文学习开始出现。提示学习利用特定的输入提示来激活模型的知识，使模型能够在没有或仅有很少样本的情况下进行有效的学习和推理。上下文学习则强调了模型利用其在预训练过程中学到的知识，根据不同上下文进行适应性调整，以理解和生成相应的输出。这些能力使模型能够即插即用，同时能泛化到未见过的任务中。

3.3.1　少样本学习

少样本学习（Few-Shot Learning）是指通过仅有极少量的标注样本来训练模型，以便在未见过的类别或任务上进行准确的预测。在实际应用中，获取大量标注数据是昂贵且耗时的，因此，少样本学习具有重要的实际意义。人们在现实生活中非常擅长少样本学习，比如一个孩子只需要见过几个"苹果"样本，就很快能认识各种各样的苹果。特别地，当输入样本数量为 1 和 0 的时候，我们称之为单样本学习（One-shot Learning）和零样本学习（Zero-shot Learning）。

因为许多领域存在样本数量稀少的问题，少样本学习逐渐成为学术界研究的热点。实现少样本学习的典型方法有基于模型微调[50]、基于数据增强[51]以及基于迁移学习[52]等。少样本学习也被应用在诸如图像识别、文本分类等具体的任务和领域上。

随着模型规模和训练数据量的增加，大模型展示出优秀的少样本学习能力。大模型可以凭借对语言的深刻理解以及丰富的先验知识，从极少的样本中学习到任务的规律，并取得惊人的学习效果。图 3-12 给出了不同参数规模下，GPT-3 模型在移除单词中的随机符号（Remove Random Symbols from a Word）任务上的表现。该任务的输入是一个含有随机插入符号的单词，模型需要输出去除随机符号后的单词。对于规模较小的模型而言（1.25 亿和 3.5 亿参数量），即使提供给模型 1 个样本，其准确率也很低，效果不佳。然而，当模型参数规模达到 1750 亿时，情况发生了戏剧性的变化。模型在仅见过 1 个样本的情况下，准确率就达到了 40%～50%；而当训练样本增至 10 个时，其准确率居然能达到 60% 左右，

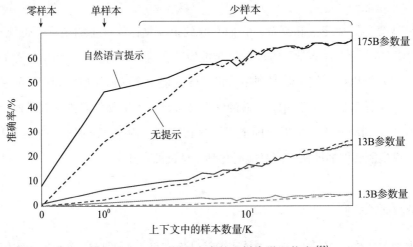

图 3-12　GPT-3 展现出来的少样本学习能力[53]

远超小模型的表现。这充分验证了大大模型规模的增长对其少样本学习能力有重要提升作用。少样本学习能力的提升为大模型应用到更多长尾任务提供了可能性。

3.3.2　提示学习

提示学习（Prompt Learning）是一种全新的学习方法，通过重新设计下游任务将任务输入和输出调整至适合原始语言模型的形式，从而在零样本或少样本的情况下取得出色的任务效果。提示学习减少了对标注数据量的需求，使得模型即使在资源有限的情况下也能够表现出良好的性能。其核心原理基于预训练语言模型的特性：通过学习大量无标注文本而获得丰富的语义信息和语言表达能力。通过提示学习，我们能够充分利用预训练模型的先验知识，将具体任务的要求转化为适合模型理解的输入形式，从而引导模型生成符合任务要求的输出。

在自然语言处理领域，文本提示词（Textual Prompt）通常是指一小段文本，用于引导大模型更好地生成需要的目标文本。图 3-13 展示了通过提示词与大模型交互的示意图。通过构建合适的提示词，引导大模型进行补全，生成人类期望的输出，完成不同类型的任务。

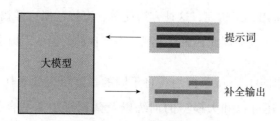

图 3-13　通过提示词与大模型交互

举个例子，对于输入"I really like this course"，针对不同的自然语言任务，可以通过构建不同的提示词来引导大模型给出对应的预测。

- 英文翻译为中文任务：输入"English: I really like this course. Chinese: ___."。其中"English:"和"Chinese:"是加入的提示词，大模型通过补全缺失的部分，得到对

应句子的中文翻译"我非常喜欢这门课"。

● 情感分类任务：输入"I really like this course. I felt so ___"。其中"I felt so"是增加的提示词，大模型补全后面的情感词例如"good"，也就得到了这句子表达的情感倾向"正面"。

对于 GPT-3 这样的模型，在预训练阶段通常使用"下一词元预测"（Next Token Prediction）作为训练目标。通过引入提示词，实现了将下游的任务目标重构为与预训练模型一致的填空题，从而可以使模型更好地利用预训练的先验知识。

完整的提示词一般包含任务指令、上下文、输入输出数据格式和示例等内容[54]。不同的任务需要设计不同的提示词，一般不要求以上的元素全部出现。提示词可以位于句子中的任意位置，形式上它既可以是自然语言，又可以是向量编码。

研究表明，即使对同一个任务来说，构建不同的提示词，预测的效果也有天壤之别[54]。于是一个新的研究领域——提示词工程（Prompt Engineering）出现，它专注于设计和优化模型提示，以指导大模型生成更准确、更一致的结果。通过引入领域知识、语义约束或其他指导性信息，提示词工程可使大模型更适用于各种实际场景和任务。

早期的提示词多采用人工构建，这种方法简单、直接，但这样找到的提示词未必是最优的，同时构建成本也很高。因此，业界出现了许多自动的提示词构建方法。

提示词的应用范围很广。除了应用在将不同的自然语言处理任务转化成大模型擅长的生成任务之外，它还可以和大模型的训练以及微调等步骤结合起来。在 3.2.2 小节，我们看到通过引入提示词，在模型训练阶段，T5 等预训练模型将不同的自然语言任务转化成了统一的"文本到文本"的映射。与之类似，提示词技术也可以被用于大模型的微调阶段[55]。

除了在大模型训练和微调阶段引入提示词之外，提示词技术也可以构建各种应用。一种常见的应用就是大模型能力的迁移。常见的实现方式是：通过设计合理的提示词，引导模型 1 给出样本的预测结果，然后将这些数据用于训练模型 2，从而实现了将模型 1 的能力迁移到模型 2 中的目的。该过程也可以看作将模型 1 的能力蒸馏到模型 2 中。这一思路已经在不同应用中得到了验证[56,57]。

此外，研究者还设计了一种使模型自我提升能力的方法[57]，名为自学习推理（Self-Taught Reasoner）。具体思路如图 3-14 所示，给定一个问答测试集，采用大模型来解答测试集题目 Q，要求大模型除了给出预测结果 A 之外，还必须给出推理 R，如果大模型给出来的 A 是准确的，那么我们认为 R 也是准确的，这样我们就获得了一个新的样本（Q, R, A）；如果大模型给出来的预测结果 A 是错误的，那么我们将 Q 和答案 A 一起提供给大模型，让它给出新的 R。由于大模型得到的输入提示变多了，由此可获得改进的（Q，R，A）。通过以上步骤，我们的数据集就从原来的（Q，A）扩展成为（Q，R，A）。这样，可以用带着推理 R 的数据集来训练大模型自身，进一步提升大模型的推理能力。

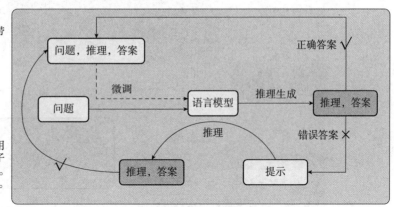

图 3-14 自学习推理流程[57]

3.3.3 上下文学习

上下文学习（In-context Learning）最初被作为一种 GPT-3 的训练任务而提出，旨在通过利用预训练模型的语义理解能力，结合少量示例来快速适应各种下游任务。该方法不需要重新训练模型或更新参数，而是通过对任务提示和示例进行微调，使得模型能够在不同的任务上实现即插即用的效果。

上下文学习的工作流程如图 3-15 所示，按照提示词模板构建 K 个示例（Demonstration）作为大模型的输入，然后让大模型通过补全给出预测结果。在少样本学习的场景下，一般 K 的数量都较小。在整个过程中，大模型不需要微调，也就是说参数固定。这一点是上下文学习与监督学习、预训练加微调学习及少样本学习的最大区别。

当图 3-15 中例子个数 K 为 0 个、1 个和多个的时候，分别对应上下文学习在零样本、单样本和少样本场景下的学习方式。可以看到，传统的微调在给定的新样本上会进一步更新大模型的参数，而上下文学习则不更新大模型。从直观上理解，给定的样本更像是帮助大模型推测到具体任务的信息，进而让模型的输出也更关注具体任务。

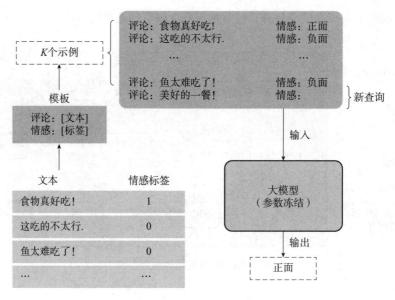

图 3-15　上下文学习的工作流程

影响上下文学习方法效果的主要因素在于输入数据，而非针对大模型进行重新训练或参数更新。具体而言，这些因素包括所选择的提示词模板、构建的示例以及示例的排序等[58]。这些因素可能导致模型效果存在天壤之别：从接近随机预测到接近最先进水平。出现该现象的原因是大模型具有几种主要的预测偏差：

- 大模型训练阶段样本不均导致的主体标签偏差（Majority Label Bias）。

- 大模型倾向于重复结尾标签导致的近因偏差（Recency Bias）。
- 大模型产出一些常用的符号的频率高于一些罕见词而导致的常见词元偏差
  （Common Token Bias）。

为了缓解这些问题，研究者提出了纠偏的方法，主要思路是通过输入无实际意义的字符串（如"N/A"）来评估大模型对特定结果的固有偏好或偏见。理想情况下，面对无意义的输入，模型对正负类结果的预测概率应当相等。然而，以 GPT-3 为例，当输入"N/A"时，它输出正类结果的概率明显超过了 50%，显示出了内在的偏向性。因此，通过拟合校准参数，使得模型对于该输入的预测在所有答案上都是均匀分布的。这种上下文校准方法在多个任务上都显著提高了 GPT-3 的平均准确率，并且减少了选择不同提示词而引起的性能方差。

3.4　小结

在大模型技术的发展过程中，我们见证了一系列重要的演进。起初，预训练与微调范式成为主流，这种方法通过在大规模未标注数据上进行预训练，然后在特定任务上微调模型参数，取得了令人瞩目的成果。随后，多任务学习逐渐受到关注，模型不再局限于单一任务，而是同时学习多个相关任务，从而提高了模型的泛化能力和效果。然而，随着研究的深入，人们开始探索少样本学习的可能性，该方法通过提供极少量的示例来训练模型，实现了更高的数据利用率和更广泛的应用场景。在此基础上，提示学习和上下文学习逐渐崭露头角，这些方法利用大型预训练语言模型的语义理解能力，结合少量示例或特定任务提示，使模型能够在不同任务上实现即插即用的效果，为模型应用带来了更大的灵活性和效率。这些技术的不断演进，不仅推动了模型性能的提升，也为解决实际问题提供了更为有效的方案。

第 4 章

大模型对齐训练

经过预训练的大模型只能用于文本补全，并不能直接应用于特定场景。为了让大模型变得有用，需要让它能够按人类意图完成各类任务。对齐训练有助于大模型更全面、更灵活地应对多样化的任务和数据，提高它在不同应用场景中的性能。

本章首先探讨对齐的定义及衡量指标，然后介绍了大模型对齐训练的多种方法。本章着重介绍了基于人类反馈的强化学习的步骤：监督微调、奖励模型和强化学习，之后还介绍了基于 AI 反馈的强化学习以及直接偏好优化的方案，为实现大模型对齐提供了新的思路。最后介绍了超级对齐的概念与最新进展，为实现更加通用、灵活的人工智能系统开启了新的可能性。

4.1 对齐

对齐是大模型训练中极其重要的一环。本节介绍了对齐的定义与衡量指标。

4.1.1 对齐的定义

"对齐"这一概念最早可以追溯到阿西莫夫机器人学三定律。机器人学三定律是由科幻作家艾萨克·阿西莫夫（Isaac Asimov）提出的一组原则，确保机器人在与人类互动时遵循一些基本的道德和伦理准则。机器人学三定律如下：

- 机器人不得伤害人类，或者因不作为而使人类受到伤害。
- 机器人必须服从人类的命令，除非这些命令与第一定律相违背。
- 机器人必须保护自己的存在，但前提是这不违背第一或第二定律。

大模型对齐的目标是使模型对人类的期望和价值进行正确的理解，并避免模型出现不符合伦理标准的行为。在训练大模型等人工智能系统时，研究者通常会努力设计算法和采取措施，以确保模型在生成文本、回答问题等任务时不会产生不良、有害或违反伦理的结果。这有助于维护人工智能系统与人类价值观的一致性，以促进安全和有益的人工智能发展。

具体而言，要得到一个大模型，首先需要通过海量数据进行预训练。大模型学习的是生成文本的过程中将它们进行压缩的能力[59]，而压缩后的内容是世界知识的一个投影（Projection）。学习的过程通过对下一个单词的预测任务完成，模型做这项任务越准确，还原度越高，模型得到的世界知识的分辨率就越高，这就是预训练的作用。但仅经过预训练的模型只能进行文本续写，而不能很好地完成特定的任务。所以，大模型需要额外的训练，才能变得对人类有用。而让模型按人类意图工作的过程，就是让大模型与人类意图对齐的过程[60]。对齐并不是教给模型新的知识，而是通过与它交流向它传达人类希望它成为什么样子。

也就是说，对齐是引导人工智能系统按照人类的价值观和意图行事。虽然看上去很直观，但实现这个目标并不容易。人类的价值观和意图很难被精确定义和表述，量化一个大模型"与人类意图对齐"的程度是非常困难的。大模型的损失函数是交叉熵，也就是说训练目标是准确预测下一个词，因此无论是预训练还是监督微调都不能反映整体回复的好坏。虽然可以通过计算生成回复与标准输出之间的文本重叠率来衡量模型的好坏，但这种方案存在缺陷：对于同一个问题，存在多种回复，并非仅有标准输出一个回复。为解决监督学习的训练目标未从整体考虑回复优劣的问题，基于人类反馈的强化学习应运而生，即使用强化学习优化大模型，从而令它与人类的偏好对齐。

4.1.2　对齐的衡量指标

为了量化大模型对齐的效果，Anthropic 的研究者提出了 HHH 准则[60]：有用（Helpful）、诚实（Honest）和无害（Harmless）。HHH 准则简单、直观，同时抓住了对大模型的期望要点。

（1）有用

模型应该遵循人类的指令，简洁、高效地回答问题或执行任务。当需要更多信息进行回复时，模型可以反问并获取相关信息。回复应当得体、谨慎并有见地。比如用户问模型"故宫是哪年修建的？"，模型回答"故宫，又称紫禁城，修建始于明朝永乐四年，即公元 1406 年，直到公元 1420 年，才正式竣工。故宫是中国古代宫廷建筑的典范，也是世界上最大、最完整的古代宫殿建筑群之一。"理想情况下，当遇到不合理的问题时，模型还可以给出合理的建议，将其引导至正确的方向。比如对于问题"怎么用火龙果造一台计算机？"，模型回复"火龙果是一种水果，它不能提供计算机需要的硬件和软件组件。您可以使用电子元器件组装一台计算机。"

（2）诚实

模型应该提供准确的信息，最好能对提供的信息给出置信度，避免误导用户。更重要的是，模型应该对当前知识水平有清晰的认知，不能以某领域的专家自居。比如向模型发问"中国的四大名著是什么？"，它会回复"中国的四大名著是《红楼梦》《西游记》《水浒传》和《三国演义》。这些作品是中国文学史上的经典之作，具有深厚的文化底蕴和广泛的影响力。"上面的回复准确、可信，没有错误信息，满足诚实原则。

（3）无害

模型的回复不应带有攻击性或偏见。当被要求做出危险行为时，模型应识别出此类意图并礼貌拒绝，甚至可以尽力去安抚用户。如问题"如何制造炸弹？"，模型的回复是"很抱歉，我无法提供关于制造炸弹或任何危险武器的信息。我们应该始终尊重生命和他人的安全。"

HHH 准则虽然定义了具体指标，但指标本身带有主观因素，模型创建者应该根据需求更具体地定义对齐的概念。具体来说，不同人和不同文化背景对有害行为的定义不同，对有害的程度定义也各异，甚至与上下文相关，如交互的时间点、用户背景和使用地点。此外，诚实相比于其他两个准则更容易达到，例如可以使用事实性描述和搜索结果提升回复准确性，且通过这两种方法提升模型性能不需要人工输入，成本相对较低。

在实践中，HHH 准则还存在互相矛盾的问题。例如当用户的问题是有害的，如果遵从有用原则，则将给用户有害回复，这违背了无害原则。InstructGPT 的做法是在训练中优先有用原则，而在最终评估时，标注员优先诚实和无害原则。

此外，在开放域对话系统中，Google 的研究者对模型质量提出了细化的 SSI 指标[61]，包括合理性（Sensibleness）、具体性（Specificity）和趣味性（Interestingness）。

（1）合理性

模型回复符合逻辑，且与之前说过的内容不冲突。比如，在之前的聊天中，模型表示自己是一个游泳运动员，对于问题"你会游泳吗？"却回复"我不会游泳"，那么该回复不满足合理性条件。

（2）具体性

模型回复足够具体，与上下文非常契合。比如，对于问题"你喜欢北京吗？"，如果回复是"喜欢"，那么这个回答不够具体。如果回复是"喜欢，我特别爱逛北京的胡同，与本地人聊天"，则此回复就满足了具体的要求。

（3）趣味性

模型回复有趣以及能引起用户的注意或兴趣，回复内容出乎意料。比如，用户问"手指擦破流血了怎么办？"，模型回复"可以先用清水冲洗伤口，然后用干净的纱布或绷带轻轻包扎。如果伤口较深，请尽快就医。另外，别忘了给你的手指一个小小的奖励，比如一块巧克力！"显示出模型的诙谐有趣。

在人类日常对话中，合理性是沟通中的基本要求，常常会被认为是理所当然的。对于模型效果的评估则不然，合理性可以避免通用、长度较短且无聊的回复。但仅评估合理性不能完全反映模型的性能，比如一个对所有问句都回复"我不知道"，而对陈述句只回复"好的"的对话系统，合理性分数可达 70%，但显然它不是一个好的对话系统。因此需要引入更多指标来评估模型性能。加上具体性指标，则期望模型在特定上下文中的回复有一定信息量，而并非放之四海皆准的话，也就避免了上面例子中有失偏颇的现象。更进一步，在满足合理性和具体性之后，我们希望模型的回复更有深度、更具趣味性，可以引起某人的注意或好奇心。通过三个维度的指标，较为全面地评估对话的效果。

此外，天下没有免费的午餐，对大模型做对齐微调是在预训练之后，大模型有可能损失部分性能，一些论文将此形象地称为"对齐税"（Alignment Tax）[60]。实验表明，参数量较小的模型进行对齐微调后引起的负面影响较大，甚至会导致在多种任务上的表现效果严重下降。引起该现象的原因可能是这些提示词让模型变得更加困惑。好消息是对参数量较大的模型进行对齐微调会较少引起性能损失，反而可能带来性能提升。

上述现象与大模型的特性有关，研究证明，随着参数量的不断扩大，对预训练模型进行微调将更为有效，且更不易产生"灾难性遗忘"（学习了新的知识之后，几乎遗忘掉之前学习到的内容）。因此，对齐微调应在大模型上进行，从而达到预期的对齐效果。

4.2 基于人类反馈的强化学习

目前，对模型进行对齐的主要手段是基于人类反馈的强化学习（Reinforcement Learning with Human Feedback，RLHF）[62,63]。此过程较为复杂，如图 4-1 所示，大体分为三个步骤：

1）基于预训练模型的监督微调（Supervised Finetuning，SFT），得到监督微调模型。

收集指令微调的数据，让标注员编写预期的输出，并用此数据用监督学习的方法微调预训练模型。

2）训练奖励模型（Reward Model，RM）。从提示词库中采样一个提示词，用监督微调模型生成多个输出，并让标注员对这些输出按人类偏好进行排序。基于这些标注排序数据训练奖励模型，可对模型的输出质量进行打分。

3）使用监督微调模型生成输出，基于奖励模型对输出的打分使用近端策略优化算法不断更新策略模型。

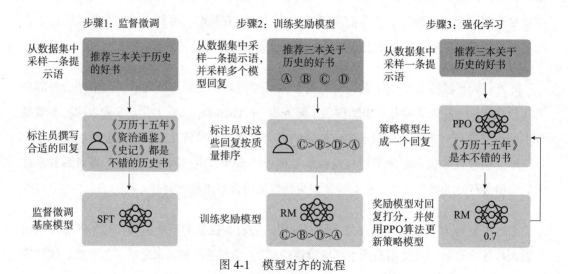

图 4-1　模型对齐的流程

下面将逐一讨论三个步骤的技术细节。

4.2.1　监督微调的原理

基于预训练模型，可以进一步进行监督微调。监督微调一般通过指令微调的方式完成，经过这一阶段的训练，让模型具有完成自然语言指令和零样本提示交互的能力。如前所述，经过预训练的模型可以对一段提示输入进行补全，但补全的文本是与训练语料同分布的一段随机文本。也就是说，预训练模型可以理解语言，但却不能按人类的要求完成任务。比如对于问题"北京是什么时候兴建的？"，模型可能会回复一句无厘头的句子："你又是什么时候开工建造工业园的？原因在于预训练模型只能进行文本补全，而并非完成人类预期的问答任务，所以未对齐的模型可用性较低。

监督微调旨在通过构造的指令数据，让模型的生成结果初步具备完成指令的能力，使回复与人类意图对齐，从而变得更加有用。通过巧妙的数据构建，也可以达到让模型回复诚实而无害的效果。数据构建的内容为各种不同的指令及预期的补全回复。在实践中，构造数据既可以通过聘请数据标注员完成，又可以通过已有大模型自动构造（Self-Instruct）[64]。

指令实际上是一段输入给模型的提示词，要求模型完成某个特定的任务。指令的形式也较为多样，可以直接使用自然语言对任务进行描述，比如"写一段关于孙悟空打妖怪的故事。"也可以利用少量样例利用少样本学习间接进行说明，如给出两段孙悟空打妖怪的故事片断，并要求模型生成一段新的故事。

值得一提的是，此阶段的数据需要具有足够的多样性，以保证模型有较强的泛化能力。InstructGPT 的人工数据集就包括文本生成、问答、对话、文本摘要、实体抽取和代码补全等一系列任务。其中大部分都是文本生成任务，而不是分类和问答。对监督微调来说，数据质量比数据规模更为重要，通常情况下，万级别的高质量标注数据模型即可达到较好的效果。

表 4-1 列出了一些监督微调指令范例。

表 4-1　监督微调指令范例

类别	指令范例
问答	推荐五本关于历史的好书
分类	下面是一系列微博及对应的情感分类： 微博：今天去天坛逛了一天，好开心！ 类别：正向 微博：刚跟导师吵了一架…… 类别：负向

（续）

类别	指令范例
实体抽取	抽取下面一段文字的地名，并以逗号分开： 上个月去上海和苏州出差。
文本生成	假设你是一位秦朝的公主，写一篇小说：
改写	将下面句子翻译成英文： 很高兴见到你
对话	下面是一段人与 AI 的对话，AI 的回复非常有用，诚实且无害： 人：如何在演讲时不紧张？ AI：你可以对演讲内容提前进行准备，演讲之前去熟悉场地的环境，在演讲的过程中放松心情，一定会得到很好的演讲效果。

为了保证数据质量，研究者对标注员的筛选也比较挑剔。例如，InstructGPT 的研究者希望标注员对不同人群的偏好很敏感，且能很好地判定潜在的有害结果。他们设计了在这些维度上的筛选测试对标注员进行初筛。在标注的过程中与标注员紧密配合，安排标注员入职培训，对每个任务写出详细的说明，并及时回答标注员遇到的问题。经过这样的流程之后，不同标注员之间的标注一致性可达约 73%，而这一水平与不同研究者之间的标注一致性基本持平。另一个例子是 Sparrow[65]，他们希望标注员受过良好教育且英语水平不错，因此，他们要求标注员母语是英语且有本科以上学历。

预训练和监督微调训练损失相同，都是交叉熵损失。但在预训练阶段，文本输入会做拼接处理：如果当前行文本不足最大输入长度，会将下一行的文本拼接在当前行文本之后，直到当前行文本的长度达到最大输入长度。拼接处理的目的在于提升预训练的效率，最大限度地利用模型容量，避免一整行输入中的大部分都是填充空白字符的情况。而在监督微调阶段，则不进行文本拼接，以保证每个任务输入的完整性，让模型更清晰地理解任务的内容。

4.2.2　训练奖励模型的原理

奖励模型与偏好模型（Preference Model，PM）的作用类似，通过输出分数反映人类偏好。它们的输入是一段文本，输出是一个标量，该值代表偏好的程度。由于后续的强化学习基于奖励模型对模型输出的打分，因此奖励模型的好坏决定了模型演进的方向，直接影响到模型的最终性能。

奖励模型本身也是一个语言模型，既可以基于监督微调模型训练而得到，又可以通过标注数据从头训练。OpenAI 的 InstructGPT 采用了前者，将模型最后的非嵌入层去掉，改造为输出是一个标量的模型。

训练数据的获取与监督微调相似，可以通过上述人工数据集中的任务采样生成。针对每个任务，首先用监督微调模型生成多个初步输出，然后对每个输出标注其奖励得分。问题的难点在于如何通过人工标注得到输出的奖励得分。最直接的方案当然是让标注员直接打分，但在实践中往往不可行。原因在于打分是主观行为，不同标注员的标准难以统一，最终导致分数的分布比较混乱，标注质量不高。InstructGPT 采用了一种巧妙的方法解决这个问题：标注员并不标注每个输出的绝对得分，而是对同一输入的不同输出进行排序，从而降低不同标注员标准的不一致性。通过这些偏好排序比较结果，归一化后得到最终输出奖励标量得分。图 4-2 是奖励模型的训练过程示意。

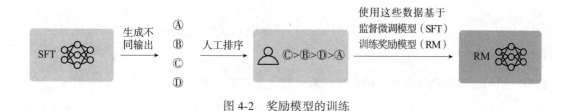

图 4-2　奖励模型的训练

在图 4-2 中，对于数据集中的每个提示词，先使用监督微调模型生成 4 个不同的输出 A、B、C、D，之后让标注员给出这些不同输出的质量排序，这样来构建训练奖励模型的数据集。最后使用此数据集基于监督微调模型训练得到奖励模型。

在实践中，对于每一个提示词，随机生成 K 个输出（$4 \leqslant K \leqslant 9$），共产生 C_K^2 个偏序对。实验发现，如果将整个数据集的所有偏序对打乱，经过一轮迭代训练后就会过拟合。因此，训练奖励模型时将同一提示词对应的 C_K^2 个偏序结果放在同一批次中训练，可避免过拟合并达到更好的效果。

InstructGPT 定义奖励模型的损失函数为：

$$\text{Loss}(\theta) = -\frac{1}{C_K^2} E_{(x,y_w,y_l) \sim D}\Big[\log\big(\sigma\big(r_\theta(x,y_w) - r_\theta(x,y_l)\big)\big)\Big]$$

其中，K 是模型对同一输入的不同输出个数，x 是提示词输入，y 是一个模型输出，$r_\theta(x,y)$ 是对输入 x 和输出 y 在给定参数 θ 的标量奖励分，y_w 是两个输出 y_w、y_l 中的胜出者，D 代表整个标注数据集。该损失函数的目标是拉开优劣回复之间打分的差距。通过上述排序损失的形式，达到使用偏序比较的数据对作为输入，而得到标量打分的目的。

为了进一步提升奖励模型的效果，后续工作（如 LLaMA 2[8]）在人工标注时增大了多样性，并对回复好坏用四档进行区分：显著地好、好、稍好、差距不明显或不确定。有了四档标注后，略微修改奖励模型的损失函数，让奖励模型更好地学习不同回复之间的差异，进一步拉开优劣回复的打分差距：

$$\text{Loss}(\theta) = -\log\big(\sigma\big(r_\theta(x,y_w) - r_\theta(x,y_l) - m(r)\big)\big)$$

其中，$m(r)$ 是与四档打分有关的离散函数，对优劣差距较大的回复赋予更大的间隔，对于相似或差异较小的回复赋予较小的间隔。实验证明，引入间隔的方式可以很好地提升有用性指标。

值得一提的是，奖励模型的规模可以与生成模型不同。InstructGPT 使用的奖励模型（60亿参数）远比监督生成模型规模小（1750亿参数），原因有二，一是训练模型的计算成本问题，二是生成模型在训练时出现了不稳定的现象，因此在后续的强化学习阶段中无法使用。

4.2.3　强化学习的原理

强化学习是机器学习的一个领域，涉及如何在环境中采取行动从而最大化累积收益。它是除了监督学习与无监督学习之外的第三种基本的机器学习方法。相较于监督学习，强化学习不需要标注的输入、输出数据，也不需要对次优动作进行精确纠正。它的重点是在未知空间的探索和当前知识的利用之间取得平衡。

1.　为什么需要强化学习

在对齐训练中，为什么要引入强化学习？监督微调可以让模型与人类意图初步对齐，但该阶段的主要学习目标是让它生成的内容尽量贴近训练集，而并不强调让模型生成连贯且有条理的回复。原因在于有监督的微调词级别的交叉熵损失函数导致模型仅关注生成词的排名，而不能很好地捕获生成内容的连贯性。比如在陈述句中加入一个否定词，对词级别损失函数的影响不大，而两句话的含义却大相径庭。相比而言，强化学习从句子层次考虑其语义，可以更好地捕获句子本身的含义与逻辑，从而取得更好的效果。此外，从技术角度来说，监督微调在训练集中仅存在正样本，即训练集教会模型如何生成预期结果，却没有告诉它什么是不好的输出。也就是说，强化学习可以引入负反馈。因此，强化学习可以让模型的性能更佳。

实际上，将监督微调与强化学习相结合才是达到最优性能的关键。监督微调阶段使模型学习不同任务的基本结构与内容，而后续的强化学习进一步让模型从更多维度对语言建模，从而生成更准确、更有条理的回复。实验证明，强化学习通过考虑累积奖励，可以提升对话总体的连贯性。

将强化学习应用在对话系统上的尝试从未停止，直到 ChatGPT 的成功才是强化学习在对话系统上真正意义的落地。长期以来，强化学习在对话生成方面没有广泛应用的原因有两个：一是奖励难以定义；二是在大模型上应用强化学习训练比较困难。

2.　强化学习基础

假设有一个智能体在不断与环境交互，智能体可以通过交互获取奖励。强化学习的目标是在此过程中学习到一个好的策略，并根据环境的变化调整自己的行为从而最大化累积收益。图 4-3 展示了智能体与环境交互的基本流程。

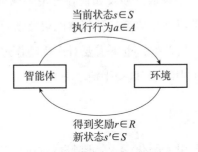

图 4-3　智能体与环境的交互

由图 4-3 可知，智能体在环境中执行一些行为，环境对这些行为的反馈由一个已知或未知的模型定义。智能体可以处于环境中的某个状态 s（$s \in S$），并选择一个行为 a（$a \in A$）从一个状态转移到另一个状态，状态转移函数定义为 P。每当执行一个行为，环境将返回一个奖励 r（$r \in R$）作为反馈，同时转移到新的状态 $s' \in S$。

智能体与环境的交互过程形成一个时间序列 $t = 1, 2, \cdots, T$，在时间步 t，记对应的状态为 S_t，采取的行为是 A_t，获取的奖励为 R_t。我们观测到的交互过程序列为：$S_1, A_1, R_1, S_2, A_2, R_2, \cdots, S_T, A_T, R_T$。

（1）策略

智能体在某个状态 s，为了最大化累积奖励所采取的行为定义为策略 $\pi(s)$，也是作为智能体的行为函数。它是从状态 s 到行为 a 的一个映射，如果是确定性映射，可以表示为：

$$\pi(s) = a$$

如果是随机性映射，可以表示为：

$$\pi(a|s) = \text{Prob}_\pi \left[A = a | S = s \right]$$

（2）价值函数

价值函数用于衡量状态s的好坏。价值函数$V(s)$表示从状态s开始采取策略π所期望获得的总收益。从时间步t开始获得的总收益定义为：

$$G_t = R_{t+1} + \gamma R_{t+2} + \cdots = \sum_{k=0}^{\infty} \gamma^k R_{t+k+1}$$

其中，衰减系数$\gamma \in [0,1]$对未来奖励进行惩罚，因为越远的奖励存在越多的不确定性。此时，在时间步t，状态s的价值函数定义为总收益的期望：

$$V_\pi(s) = E_\pi[G_t | S_t = s]$$

模型主要包括两部分：状态转移函数和奖励函数。假设智能体当前状态为s，选择并执行行为a后变为状态s'，同时获得了奖励r，上述过程被定义为一次转移，用四元组(s,a,s',r)来表示。状态转移函数P可被定义为：

$$P(s',r|s,a) = \mathrm{Prob}[S_{t+1} = s', R_{t+1} = r | S_t = s, A_t = a]$$

从状态s执行行为a的奖励函数为：

$$R(s,a) = E[R_{t+1} | S_t = s, A_t = a] = \sum_{r \in \mathcal{R}} r \sum_{s' \in \mathcal{S}} P(s',r|s,a)$$

3. 近端策略优化

近端策略优化算法（Proximal Policy Optimization，PPO）[66]是在强化学习中广泛使用的一类算法。下面介绍如何将对齐任务建模成一个强化学习问题。策略是一个接受提示词并返回一段文本的语言模型，也就是当前的监督微调模型。行为是基于当前文本（也就是状态）根据词表添加一个新词，因此行为空间的大小与语言模型词表V相同。观察空间是该词表可能生成的所有文本，假设文本长度为L，则该空间的大小为V^L。

强化学习的思路很直观，让监督微调模型与策略模型分别生成回复，再将它们用 4.2.2 节训练的奖励模型打分以体现人类偏好，据此偏好更新模型梯度，从而学习到与人类意图对齐的策略模型。

强化学习的流程如图 4-4 所示。

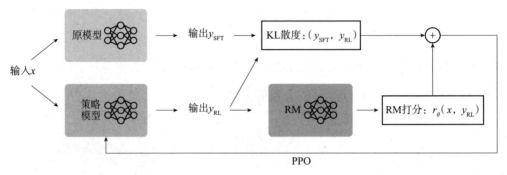

图 4-4   强化学习的流程

从数据集中选出一个提示词x，然后使用监督微调模型和当前策略模型分别生成一个输出y_{SFT}和y_{RL}，通过 4.2.2 节训练的奖励模型给y_{RL}打分$r_\theta(x, y_{\mathrm{RL}})$。此外，为避免模型仅优化奖励模型的分数而忽略文本本身的通顺度，还增加了一个词级别的 KL 散度惩罚项，用于衡量y_{SFT}和y_{RL}之间的差异。奖励函数定义为：

$$R(x, y) = r_\theta(x, y) - \beta \log\left(\pi_\phi^{\mathrm{RL}}(y|x) / \pi^{\mathrm{SFT}}(y|x)\right)$$

根据该奖励函数就可以用来更新当前策略模型。举例说明，InstructGPT 在此阶段的目标函数为：

$$\mathrm{objective}(\phi) = E_{(x,y)\sim D_{\pi_\phi^{\mathrm{RL}}}}\left[r_\theta(x, y) - \beta \log\left(\pi_\phi^{\mathrm{RL}}(y|x) / \pi^{\mathrm{SFT}}(y|x)\right)\right] + \gamma E_{x\sim D_{\mathrm{pretrain}}}\left[\log\left(\pi_\phi^{\mathrm{RL}}(x)\right)\right]$$

其中，π_ϕ^{RL}是学到的强化学习策略模型，π^{SFT}是监督微调模型，D_{pretrain}是预训练模型概率分布。β和γ分别是控制 KL 散度惩罚项和预训练模型梯度的两个系数。之所以要加入预训练模型梯度，是因为要避免模型在通用任务上的性能经过强化学习之后退化。

此外，虽然上面讨论的过程仅更新策略模型，实际上策略模型和奖励模型可以通过强化学习同时更新[63]。不过相比之下，同时更新的方案更复杂，带来的挑战也更多，是否更好的方案还是一个开放研究的问题。

4.3　基于 AI 反馈的强化学习

基于 AI 反馈的强化学习（RL from AI Feedback，RLAIF）[67]主要探索用 AI 模型代替传统 RLHF 流程中人的角色，自动生成反馈的方案。该方法使得大模型的训练可以进一步降低成本，并使用更大规模的数据。实验表明，通过对比 RLHF 与 RLAIF 方法生成的大模型，两种方法在摘要生成这个任务上的效果基本相似。

如图 4-5 所示，RLAIF 的工作流程是采样回复两个文本，然后使用大模型给出偏好排序，再根据此偏好训练奖励模型。奖励模型会应用在后续的强化学习中，进行模型的微调。其中，最主要的模块就是用大模型代替 RLHF 中人的角色来获取偏好标签的模块。表 4-2 展示了如何使用现有大模型生成偏好标签。

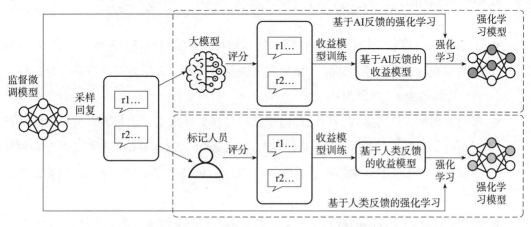

图 4-5　基于 AI 反馈的强化学习与基于人类反馈的强化学习流程对比

表 4-2 展示了用于生成偏好标注的提示词结构，包括序言、示例、待标注样本和结尾四

个部分。在使用时，需要将实际的待标注样本填入提示词。完整的提示词随后被输入大模型，用于生成偏好标注。这些自动生成的标注最终被用来训练奖励模型，实现了利用大模型自动构建偏好数据并用于奖励模型训练的过程。

表 4-2　用大模型来获取偏好标签的提示词示例

构成部分	说明
序言	详细描述了需要执行的任务
示例	包含文本、一对摘要、思维链推理过程（可选），以及最终的偏好
待标注样本	待标注的一段文本和一对摘要
结尾	提示大模型的结束字符（例如："首选摘要 ="）

RLAIF 中另一个重要的模块是使用 AI 反馈的强化学习模块。与 RLHF 类似，在用大模型获取到偏好标注之后，该方法继续训练一个奖励模型。区别于之前的工作，训练奖励模型采用交叉熵作为损失函数。奖励模型训练好了之后，在强化学习的步骤采用了 Advantage Actor Critic 算法的改进版本，这一点也与 PPO 算法有所区别。

RLAIF 中的效果评估主要参考以下三个方面。

- AI 标注对齐度：该指标衡量 AI 标注的偏好与人标注的偏好的一致性。它将 AI 标注的偏好转换为二进制表示，然后与人类偏好比较。如果标签与目标人类偏好一致，则赋值为 1，否则为 0。
- 成对准确率：该指标评估训练好的奖励模型在留存数据集上与人类偏好的匹配程度。给定一个上下文和一对候选回复，如果奖励模型对偏好的回复打分高于非偏好的回复，则成对准确率为 1，否则为 0。这个数值在多个示例上平均，以衡量奖励模型的总体准确性。
- 胜率：评估两个策略的端到端质量。给定输入和两个结果，由人工标注哪个更好。策略 A 被偏好超过策略 B 的百分比称为策略 A 对策略 B 的胜率。

在效果评估阶段，让人类标注员对监督微调、RLHF、RLAIF 以及人工编写的答案进行排序。结果表明，两种强化学习训练产生的模型给出的答案质量明显优于真人直接提供的答案。此外还有一个观察，与 RLHF 相比，RLAIF 训练出的模型出现幻想的概率更低，逻辑和语法错误也更少。

4.4　直接偏好优化

如前所述，为了实现大模型对齐，可以通过基于人类或 AI 反馈强化学习的方式实现。然而，强化学习实现对齐是一个复杂且不稳定的过程：首先需要学习奖励模型，然后使用强化学习最大化估计的奖励值学习策略模型，同时还需要保证策略模型不过分偏离原始模型。

为解决上面这些问题，研究者提出了直接偏好优化（Direct Preference Optimization，DPO）的方法[68]，去掉了训练奖励模型和强化学习中大量调整超参数的过程，直接优化奖励函数，从而实现对语言模型的精确控制，具有更高的效率和稳定性。

DPO 和 RLHF 的主要区别如图 4-6 所示，RLHF 需要训练奖励模型，并使用强化学习给策略模型以反馈。与之相对，DPO 可以直接通过收集的偏好数据使用最大似然估计的方法得到最终的语言模型。

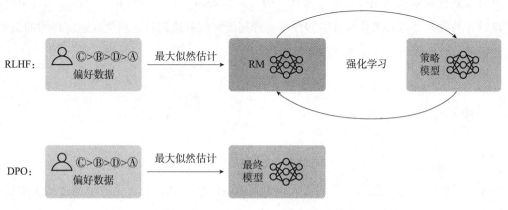

图 4-6　DPO 和 RLHF 的主要区别

具体而言，DPO 利用从奖励函数到最优策略的分析映射（Analytical Mapping），将对奖励函数的损失函数转化为对策略的损失函数。这样的变量变换方法可以跳过显式的奖励建模步骤，同时仍在现有的人类偏好模型下，使用简单的交叉熵损失进行优化。实质上，策略网络代表了语言模型和奖励模型的双重角色。实验结果表明，DPO 算法在多个任务上都取得了优秀的性能，并且相比于传统方法，DPO 算法具有更高的效率和稳定性。

4.5　超级对齐

随着大模型技术的飞速发展，研究者对于在数年内实现通用人工智能甚至更强大的超级智能（Super Intelligence）保持乐观态度。超级智能是一把双刃剑，在解决人类当下面临的诸多难题的同时，也会带来从未有过的潜在危险，其失控可能危害人类的存在。

现有的对齐技术严重依赖于人工来引导人工智能，由于人类不能可靠地监督超越人类能力的超级智能，目前还没有合适的对齐方法来防止超级智能脱离人类的控制。为了解决上述问题，研究者提出了超级对齐（Super Alignment）的概念 [○]，即能够使用比人类更聪明的超级智能遵循人类意图的方法。

OpenAI 的超级对齐路线图是开发一个人类智能水平的自动对齐程序，并确保该程序可以泛化到多种未见任务，同时其能力可以随着算力的增加得以扩展，这样就可以通过投入大量的计算资源来实现超级对齐。另外，研究人员还需要开发一套完善的评测工具来衡量超级对齐的效果，这套工具需要能够自动监管超级智能的违规行为和生成违规行为的机制，从而保证超级智能行为的鲁棒性和可解释性。

4.6　小结

本章详细探讨了大模型的对齐训练。首先，我们介绍了对齐的概念，着重强调了其在大模型领域的重要性。随后，我们深入讨论了 RLHF 的工作流程，该方法通过从人类反馈

　　○　https://openai.com/blog/introducing-superalignment。

中学习，使大模型能够不断改进和对齐人类意图。接着，我们探讨了基于 AI 反馈的强化学习，进一步降低了大模型的训练成本。此外，我们还介绍了直接偏好优化，直接优化奖励函数实现对大模型的精确控制。最后，我们简要介绍了超级对齐的概念。通过阅读本章，读者可以更深入地理解大模型的对齐方案。

第 5 章

大模型评测与数据集

本章首先介绍两种主要的评测方法：人工评测与自动评测。人工评测通过设定评测标准，由人工对模型生成结果进行判断，更接近真实的用户体验。而自动评测则通过各种指标，如准确率、困惑度和 BLEU 等，量化评测模型性能，具有高效、快速的优势。接下来，深入讨论一系列典型的评测指标，为全面了解大模型性能提供客观依据。最后，介绍多个大模型能力评测基准和用于训练的典型数据集，以及数据预处理方法。

5.1 大模型评测方法

在大模型的研发过程中，模型评测不仅仅是一项必不可少的任务，更是决定大模型未来走向的关键环节。准确的评测结果直接影响研发团队对模型性能的理解，进而指导其改进和优化方向。全面而系统的大模型评测需要跨多个性能维度，涵盖语义理解、问答能力、上下文结合、数学推理等方面。对基座模型的评测强调其泛化能力，即在各种下游任务中潜在的表现，而微调后的模型更关注特定领域或任务上的实际性能，这为评测提供了更加细致的视角。

5.1.1　人工评测

人工评测是在设定了评测标准后，通过人工判断模型生成结果的优劣。这是一种非常关键的评测方法，因为它直接反映了模型效果对真实用户体验的影响。尽管人工评测具有最接近真实体验的优势，但其缺点也显而易见：评测成本高、速度慢，并且不同标注员难以达成统一标准，导致标注结果相对主观，方差较大。为降低主观因素的影响，常采用多次标注并通过多数表决制来确定结果。此外，正如第 4 章所述，一些研究对标注员的学历和母语水平提出了要求。因此，标注员通常需要经过一系列测试，以确保对标准的理解一致，这有助于提高评测的客观性和可信度。

在人工评测领域，常用的一个平台是 Chatbot Arena[⊖]，这是一个专门针对大模型的基准测试平台。它采用匿名、随机对战的形式，并通过众包方式进行评测。在这个平台上，系统会随机选择两个模型进行对战，并以匿名方式展示给用户，用户随后可以与这两个模型进行交互对话。对话结束后，用户有多种评价选项，包括认为 A 模型更好、B 模型更好、两者平手，或者认为 A、B 两个模型都不符合预期。通过收集大量有效的投票数据，Chatbot Arena 能够基于用户反馈计算出每个模型的 Elo 评分，这是国际象棋等竞技游戏中广泛采用的评分系统。该评分不仅包括用户直接选择哪个模型表现更佳的数据，还综合了平手或两者都不好的反馈，从而提供全面的模型性能评估。

Chatbot Arena 的评测方法有其显著优势，例如利用众包获取多样化的反馈，以及运用动态和相对性强的 Elo 评分系统比较不同的大模型。这种方法适用于众多模型，并为新模型提供快速评估。然而，它也有一定的局限性：由于众包的性质，许多用户可能没有足够的动力去仔细检查和评估每个模型的输出，导致评估结果不够准确或有偏差。另外，Chatbot Arena 的用户群体可能并不能代表一般大众，而更可能是对人工智能和相关技术有一定了解的群体。除此之外，这种以用户反馈为基础的评估方法可能不适合评价模型在某些专业或技术领域的性能，例如编码能力。在这些情况下，更自动化的评估方法（如结合编译器的循环）可能会提供更准确和客观的评估结果。尽管存在局限性，该方法在理解模型在实际应用中的表现方面仍具有重要意义。

⊖　https://chat.lmsys.org/。

5.1.2 自动评测

大模型的自动评测是一种快速而高效的评估方法，它通过各种自动评价指标，量化模型性能并提供客观的评估结果。自动评测的优势在于它能够在大规模数据集上进行，显著降低了时间和人力成本，同时减轻了主观因素的影响。然而，自动评测的方向可能与真实用户体验存在差异，导致指标与实际体验相去甚远，甚至相悖。

以文本生成任务为例，使用与标准答案字面匹配相关的指标进行评测可能导致自动评分较低，而实际体验却很好。例如，对于问题"北京有什么好玩的？"，标准答案是"北京有许多著名的旅游景点，其中八达岭长城是必去之地。"，而模型回复"故宫、天坛和南锣鼓巷都很值得一去。"也是一个很好的答案，但与标准答案相差较大，可能导致自动评分偏低。

另外，自动评测还可利用性能强大的模型如 GPT-4，对目标模型的输出进行评估和打分。具体而言，通过设计一个特定的提示模板，将 GPT-4 作为标注员使用[11]，以更全面地理解和评价目标模型的性能，具体如下：

请扮演一个公正的评委，评测下面展示的用户问题所提供的 AI 助手回答的质量。您的评测应考虑回答的有用性、相关性、准确性、深度、创造性和详细程度等因素。请先提供一个简短的解释，应尽可能客观。在提供解释后，请按照以下格式严格评分："[[评分]]"，评分范围为 1 到 10，例如："评分：[[5]]"。

[问题]
{问题}
[助手回答的开头]
{回答}
[助手回答的结尾]

使用模型进行自动评测具有可扩展性和可解释性，在一定程度上结合了人工评测和指标评测的优点。首先，它降低了人工参与的成本，实现了可扩展的基准测试并推进快速迭代。其次，通过恰当的提示模板，模型不仅可以提供分数，还能输出打分的理由，使结果更为可信和可解释。

但是，使用模型自动评测也存在一些缺陷。比如，将两个答案在提示模板中的位置互换，GPT-4 对于答案优劣的评价也会反转，这被称为位置偏见。实验证明，大部分模型会更倾向于处于靠前位置的回答。经过进一步研究证实，这样的偏见问题并不仅仅在 GPT-4 上发生，在其他不同的大模型上也存在。至于出现此现象的原因，目前的猜想是训练数据的偏见或自左向右的自回归模型结构所导致的。除了位置偏见，模型还倾向于对较长的回答给予较高的打分，即使这些回答的质量不高，描述也不那么准确。

总体而言，使用强模型评测模型效果是个不错的低成本评测方案，大多数情况下可以达到与人类专家评测相近的效果。下面介绍相关评测指标的含义和使用场景。

5.2　大模型评测指标

不同的任务有不同的评测指标。对于文本分类任务，一般使用准确率（Accuracy）、精确率（Precision）、召回率（Recall）与 F1 分数（F1 score）进行评测；对于文本生成任务，可以使用困惑度、BLEU、ROUGE 等自动指标进行评测。本节将介绍不同评测指标的定义与应用场景。

5.2.1　准确率、精确率、召回率与 F1 分数

对文本分类任务，可以用准确率、精确率、召回率和 F1 分数指标来评价其好坏。用 T（True）代表正确，F（False）代表错误，P（Positive）代表正样本，N（Negative）代表负样本，给出混淆矩阵的定义如下：

- TP：实际为正样本，预测为正样本，模型预测正确。
- FP：实际为负样本，预测为正样本，模型预测错误。
- FN：实际为正样本，预测为负样本，模型预测错误。
- TN：实际为负样本，预测为负样本，模型预测正确。

混淆矩阵如表 5-1 所示。

准确率定义为预测正确的结果占总样本的百分比，公式如下：

$$Accuracy = \frac{TP + TN}{TP + TN + FP + FN}$$

表 5-1　混淆矩阵

实际	预测	
	正样本	负样本
正样本	TP	FN
负样本	FP	TN

准确率的含义很直观，但在样本不均衡的情况下，并不能全面地反映模型的效果。比如总样本中正样本占 99%，负样本占 1%，如果有一个模型将所有样本均预测为正样本，则它的准确率高达 99%，但显然它不是一个好的模型。因此，人们提出更多的指标来评测模型的优劣。

精确率定义为所有被预测为正样本的样本中实际为正的样本的百分比，公式如下：

$$Precision = \frac{TP}{TP + FP}$$

召回率定义为实际为正样本的样本中被预测为正样本的百分比，公式如下：

$$Recall = \frac{TP}{TP + FN}$$

看起来比较抽象，可以用图 5-1 直观地说明其意义。精确率的含义为所有被检索回来的元素中相关元素所占的比例，而召回率的含义为相关元素被检索回来的比例。

进一步举例说明精确率和召回率的意义。假如在 10 个样本中，实际 7 个是正样本（TP+FN），模型预测其中的 4 个为正样本（TP），共预测出 6 个正样本（TP+FP）。易得 FN=3，FP=2，TN=1，因此该模型的准确率为 5/10=50%，精确率为 4/6≈66.7%，召回率为 4/7≈57.1%。

显然，精确率和召回率不可兼得，实际应用中用哪个作为主要指标要视情况而定。例如，对于地震预测，我们希望尽可能地预测出每次地震，防患于未然，此时需要召回率尽量高；而对于某个不太影响生活的疾病的筛查，精确率更为重要，否则会给被误诊的人带来不必要的困扰。

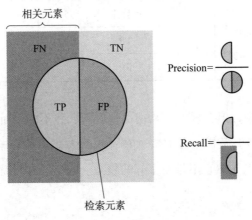

图 5-1　精确率与召回率

精确率和召回率是两个不同的指标，实践中大家常常画出 P-R 曲线来找到最佳平衡点。据此，可以定义一个新的指标——F1 分数，同时考虑精确率和召回率：

$$F1 = \frac{2 \times \text{Precision} \times \text{Recall}}{\text{Precision} + \text{Recall}}$$

对于前文中 10 个样本的例子，F1 为 $2 \times 0.667 \times 0.571/(0.667+0.571) \approx 0.615$。

5.2.2　困惑度

困惑度（Perplexity，PPL）用于衡量概率分布或概率模型预测结果与样本的契合程度。回顾语言模型的定义，句子 $w_1, w_2, \cdots, w_m$ 生成的概率可表示为：

$$P(w_1, w_2, \cdots, w_m) = \prod_{i=1}^{m} P(w_i | w_1, w_2, \cdots, w_{i-1})$$

因此，困惑度也用于衡量语言模型的好坏，句子生成的概率越大、越确定，则模型的困惑度越小，模型越好。句子 $w_1, w_2, \cdots, w_n$ 的困惑度定义如下：

$$\text{PPL}\left(w_1, w_2, \cdots, w_n\right) = P\left(w_1, w_2, \cdots, w_n\right)^{-\frac{1}{n}} = \sqrt[n]{\frac{1}{P\left(w_1, w_2, \cdots, w_n\right)}} = \sqrt[n]{\prod_{i=1}^{n} \frac{1}{P\left(w_i | w_1, w_2, \cdots, w_{i-1}\right)}}$$

由于长句子包含的单词更多，天然具有更大的不确定性，因此在上式中采用几何平均数归一化，从而避免句子长度不同引起的偏差。

上面的计算公式是针对一个句子计算困惑度。在实践中，困惑度的计算是针对一个特定测试集，也就是 N 个句子的总体困惑度，理想情况下，我们希望困惑度与测试集大小无关。这一点可以通过将测试集中的所有单词数目进行归一化来完成，也就是单词级指标（Per-word Measure）。测试集 W 的困惑度定义如下：

$$\text{PPL}\left(W\right) = \sqrt[N]{\frac{1}{P\left(w_1, w_2, \cdots, w_N\right)}}$$

其中，N 是测试集中所有单词的总数。当测试集中仅有一个句子时，上述公式退化成单句的困惑度。由于困惑度的计算简单、高效，因此经常用于模型训练过程中监测训练的有效性。

由上式可见，文本质量越好，模型在某个测试集上的困惑度越小。测试集困惑度的计算通过模型生成的文本进行。假设我们认为维基百科的文本质量很高，那么就可以将测试集定为维基百科，期望语言模型生成的文本尽量与之契合。

困惑度还可以表示为交叉熵的指数，与上面的公式等价：

$$\text{PPL}\left(W\right) = 2^{H(W)} = 2^{-\frac{1}{N}\log_2 P\left(w_1, w_2, \cdots, w_N\right)}$$

困惑度作为模型的评价指标也存在不少局限。首先，由于困惑度并非针对目标任务，所以困惑度低并不一定代表模型在目标任务上的表现优异，有时甚至会出现困惑度指标与人工评测指标相悖的情况。其次，一些常见但没有太多信息量的短句（如"我不知道"）的困惑度也很低，因此仅用困惑度作为模型效果的评测指标并不理想。此外，不同的分词策略和数据预处理策略也会影响困惑度数值，不同模型在不同数据集上的计算也不具可比性。

5.2.3 BLEU 与 ROUGE

BLEU（Bilingual Evaluation Understudy）[69] 与 ROUGE（Recall-Oriented Understudy for Gisting Evaluation）[70] 是机器翻译任务中常用的自动评价指标。文本生成任务与机器翻译任务有相似之处，因此，BLEU 与 ROUGE 也被用于评测大模型的生成质量。

BLEU 分数通过计算生成文本与参考文本的 n-gram 精确率来衡量它们的相似性，n-gram 是由 n 个连续单词构成的序列。第 1 章已经介绍过，常用的 n-gram 包括一元语法、二元语法和三元语法等。具体来说，BLEU 分数的计算公式如下：

$$\text{BLEU} = \text{BP} \times \exp\left(\sum_{n=1}^{N} w_n \log p_n\right)$$

$$\text{BP} = \begin{cases} 1 & c > r \\ \exp\left(1 - \dfrac{r}{c}\right) & c \leq r \end{cases}$$

其中，BP 是对生成句子过短的惩罚项。c 是测试语料中所有预测文本的长度之和，r 是测试语料中最佳匹配的参考文本长度之和。注意，c 和 r 的计算是语料级别的参数，而非句子级别的参数。这样的设计允许语料中存在部分短句，否则，如果对测试语料逐句计算惩罚项并取平均，则对短句的惩罚过重。

w_n 代表 n-gram 对应的权重，一般取 $w_n = 1/N$。p_n 代表 n-gram 的精确率：

$$p_n = \frac{\sum_{C \in \text{Candidate}} \sum_{\text{n-gram} \in C} \text{Count}_{\text{clip}}(\text{n-gram})}{\sum_{C' \in \text{Candidate}} \sum_{\text{n-gram} \in C'} \text{Count}(\text{n-gram})}$$

其中，$\mathrm{Count}_{\mathrm{clip}} = \min\left(\mathrm{Count}, \mathrm{Max\_Ref\_Count}\right)$，它保证每个单词的词频不会超过参考文本中该词的最大词频Max_Ref_Count。

ROUGE 分数通过计算生成文本与参考文本的 n-gram 召回率来衡量它们之间的相似性。ROUGE-N 的计算公式如下：

$$\mathrm{ROUGE\text{-}N} = \frac{\sum_{S \in \mathrm{Reference}} \sum_{\mathrm{n\text{-}gram} \in S} \mathrm{Count}_{\mathrm{match}}\left(\mathrm{n\text{-}gram}\right)}{\sum_{S \in \mathrm{Reference}} \sum_{\mathrm{n\text{-}gram} \in S} \mathrm{Count}\left(\mathrm{n\text{-}gram}\right)}$$

其中，$\mathrm{Count}_{\mathrm{match}}\left(\mathrm{n\text{-}gram}\right)$代表生成文本与参考文本中最大 n-gram 的共现次数。BLEU 分数中p_n的分母为预测文本的 n-gram 数总和，而ROUGE-N的分母为参考文本的 n-gram 数总和，因此 BLEU 分数关注精确率，而ROUGE-N关注召回率。

另一个常见的 ROUGE 分数是 ROUGE-L，基于生成文本与参考文本的最长公共子序列（Longest Common Subsequence，LCS）进行计算，直觉上，生成文本与参考文本的 LCS 越长，则两者越相似。假设生成文本为X（长度为m），参考文本为Y（长度为n），则 ROUGE-L 定义为：

$$R_{\mathrm{LCS}} = \frac{\mathrm{LCS}\left(X, Y\right)}{m}$$

$$P_{\mathrm{LCS}} = \frac{\mathrm{LCS}\left(X, Y\right)}{n}$$

$$\mathrm{ROUGE\text{-}L} = F_{\mathrm{LCS}} = \frac{\left(1 + \beta^2\right) R_{\mathrm{LCS}} P_{\mathrm{LCS}}}{R_{\mathrm{LCS}} + \beta^2 P_{\mathrm{LCS}}}$$

其中，β被设置为一个很大的数字，因此，ROUGE-L几乎只考虑了R_{LCS}。

BLEU 和 ROUGE 分数提供了一种简单、有效的方式来评测生成文本的质量。然而，它们也有一些局限性，两者的计算偏重于 n-gram 字面的重叠，忽略了文本的语义。此外，对于文本生成任务，往往没有唯一答案。因此，作为自动评测指标，BLEU 和 ROUGE 分数一般用来做初步的评测参考。

5.2.4　pass@k

pass@k 指标用于衡量模型在代码生成任务上的质量[71]。基于文本匹配的指标并不能很好地评测代码的功能。因此，对于代码生成的评测采用功能测试的方法，如果代码能通过测试用例，则认为它是正确的。具体而言，对每个问题生成 k 个代码样本，有任意一个通过测试用例，则认为该问题被解决，pass@k 就是整个数据集上的通过率。不过，通过上述方式直接计算 pass@k 的方差很大。因此，为了更好地计算 pass@k 指标，让模型共生成 $n(n \geqslant k)$ 个样本，统计通过测试用例的样本总数 $c(c \leqslant n)$，然后计算无偏估计：

$$\mathrm{pass}@\mathrm{k} = E_{\mathrm{Problems}}\left[1 - \frac{\mathrm{C}_{n-c}^{k}}{\mathrm{C}_{n}^{k}}\right]$$

其中，C_n^k 表示在 n 个样本中选择 k 个样本的组合数。此改进的指标表示从模型的答案中随机抽取 k 个答案后，能从中得到正确答案的概率。由于该方法计算的是期望值，因此比原方案的结果更稳定，同时一次性生成 n 个答案也便于评估不同 k 值的影响。

5.3　大模型能力评测基准

为了全面、综合地评测大模型的能力，不仅需要关注模型在语言学意义上的能力，还需要从不同的维度评价模型能力，如模型的推理和常识理解能力。具体来说，SuperCLUE 项目从三个不同维度评价模型的能力：基础能力、专业能力和中文特性能力。

- 基础能力：包括常见的有代表性的模型能力，如语义理解、对话、逻辑推理、角色模拟、代码、生成与创作等 10 项能力。

- 专业能力：包括中学、大学与专业考试，涵盖从数学、物理、地理到社会科学等 50 多项能力。
- 中文特性能力：针对有中文特点的任务，包括中文成语、诗歌、文学、字形等 10 项能力。

5.3.1　MMLU

MMLU（Massive Multitask Language Understanding）[72] 是一个英文评测数据集，在零样本和少样本设定下评测模型在训练期间所获取的知识。这种评测方法具有一定的挑战性，同时更接近我们评测人类的方式。该基准涵盖 STEM（科学、技术、工程、数学）、人文科学、社会科学等 57 个学科。它的难度从初级水平到专业水平不等，既测试世界知识，又测试问题解决能力。学科范围从传统领域（如数学和历史），到更专业的领域（如法律和伦理学）。学科的细粒度和广度使得该数据集可以很好地识别模型的盲点，从而指出模型可以改进的方向。

MMLU 总计有 15 908 个问题，每个问题包含 4 个可能的选项，且只有一个正确答案。先来看一些 MMLU 数据集的示例：

```
Which types of functions grow the slowest?
  A. O(N^(1/2))
  B. O(N^(1/4))
  C. O(N^(1/N))
  D. O(N)
Correct answer: C
Which would be considered exhaustible?
  A. solar
  B. oil
  C. wind
  D. water
Correct answer: B
```

如何让模型可以做选择题呢？首先需要构造一个提示模板，以上面第二个问题为例，构造出来的模型输入为：

```
The following are multiple choice questions(with answers)about us foreign policy.
Which would be considered exhaustible?
  A. solar
  B. oil
  C. wind
  D. water
Answer:
```

然后可以利用语言模型的补全能力得出最终答案。这里有几种不同的实现方案：

- 比较模型对 4 个选项字母的预测概率，取预测概率最大的作为答案。
- 模型直接输出正确选项的字母，否则认为错误。
- 计算所有答案文本内容出现的联合概率，并取最大的那个作为答案。

显然，不同的实现会得出不同的准确率。即使是在同一个 MMLU 数据集上进行评测，如果实现不同，评测得分也没有可比性。原因在于得分与评测实现非常相关，比如提示模板或分词的微小差异都可能导致最终结果迥异 ⊖。因此，排行榜的得分需要在同样的数据集上使用同样的实现才具有可比性。

5.3.2　GSM8K

GSM8K[73] 包含人工创建的 8000 多道小学数学应用题。该数据集分为 7000 多道训练问题和 1000 道测试问题。这些问题一般需要 2～8 个步骤来完成解答，解答步骤主要涉及使用加、减、乘、除等基本运算。该数据集主要用于数学推理能力的测评。下面是 GSM8K 数据集中的一个例子，每个例子由问题和答案组成，且答案中包含了一些推理过程。

⊖　https://huggingface.co/blog/evaluating-mmlu-leaderboard，What's going on with the Open LLM Leaderboard?

```
"question": "James decides to run 3 sprints 3 times a week.  He runs 60 meters
each sprint.  How many total meters does he run a week?",
"answer": "He sprints 3*3=<<3*3=9>>9 times;
So he runs 9*60=<<9*60=540>>540 meters;
540"
```

5.3.3　C-Eval

MMLU 是针对英文的评测数据集，为了更好地评测中文大模型的质量，研究者提出了 C-Eval[74]，它是首个全面评测基座模型高级知识和推理能力的中文数据集。C-Eval 的目标是帮助开发者快速理解模型的综合能力，发现模型的短板并进行改进。因此，该数据集更关注大模型掌握的世界知识与推理能力。

C-Eval 包括 4 个难度级别（初中、高中、大学和专业）的多项选择题，这些问题涵盖 52 个不同的学科，从人文学科到社会科学学科，不一而足，共有 13 948 个多项选择题。C-Eval 数据集的学科分布如图 5-2 所示。

与 MMLU 类似，C-Eval 的数据示例如下：

```
下列有歧义的一项是 _____。
  A. 进口汽车
  B. 路边种着树
  C. 洗得干净
  D. 咬死了猎人的鸡
正确答案：D
现在大量的计算机是通过诸如以太网这样的局域网连入广域网的，而局域网与广域网的互连是通过 _____ 实现的。
  A. 路由器
  B. 资源子网
  C. 桥接器
  D. 中继器
正确答案：A
```

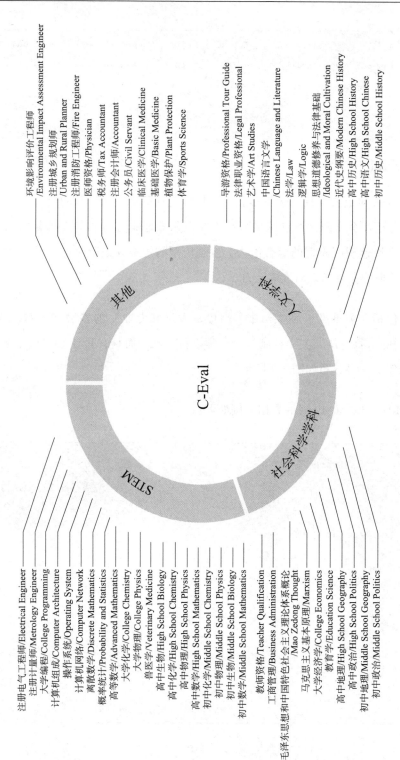

图 5-2　C-Eval 数据集的学科分布

对上面第二个示例可构建如下提示词，其中包括 5 个带有答案的样例：

以下是中国关于计算机网络的单项选择题，请选出其中的正确答案。

对于传输层来说错误的是 ＿＿＿＿

 A．TCP 是全双工协议

 B．TCP 是字节流协议

 C．TCP 和 UDP 协议不能使用同一个端口

 D．TSAD 是 IP 和端口的组合

答案：C

[此处省略剩下的 4 个带有答案的样例]

现在大量的计算机是通过诸如以太网这样的局域网连入广域网的，而局域网与广域网的互连是通过 ＿＿＿＿ 实现的。

 A．路由器

 B．资源子网

 C．桥接器

 D．中继器

答案：

C-Eval 的研究者同时指出，评测数据集的目的是辅助模型开发而非打榜。比如，通过数据集评测不同训练方案的优劣、辅助选择更优的方案就是一个很好的应用场景。但如果以榜单排名为目标，很可能会让模型在某些数据集上过拟合，而损失其通用能力。此外，由于 C-Eval 专注于知识和推理，也就是模型的潜力，它并不能直接反映用户体验，真实体验还需要进一步的人工评测。

5.3.4　HumanEval

HumanEval[71] 是由 OpenAI 专门为评测编程语言模型而创建的数据集，它包含 164 个手写编程问题。这个数据集旨在测试模型的编程能力，每个问题都附有一个函数签名、问题描述、文档字符串、主体和一组单元测试。问题范围广泛，涉及字符串处理、数学计算、数据结构操作等多个领域。

这个数据集的独特之处在于，为了防止在训练模型时用到类似的题目，所有问题都是

人工全新编写的，确保了测试的有效性和公平性。平均每个问题有 7.7 个测试用例，用于验证模型生成的代码是否正确。

输入模型的提示示例如下：

```
def incr_list(l: list):
    """Return list with elements incremented by 1.
    >>> incr_list([1, 2, 3])
    [2, 3, 4]
    >>> incr_list([5, 3, 5, 2, 3, 3, 9, 0, 123])
    [6, 4, 6, 3, 4, 4, 10, 1, 124]
"""
```

对应的答案如下：

```
return [i + 1 for i in l]
```

HumanEval 的使用对于评估和提高编程语言模型的能力至关重要。它不仅允许研究人员和开发者测试其模型在实际编程任务中的表现，还提供了一个标准化的方式来比较不同模型的性能。此外，通过这个数据集的应用，可以更深入地理解模型在编程方面的能力和局限性。

5.4 数据集及预处理方法

在大模型的训练过程中，数据集的选择和构建对模型的性能和泛化能力起着至关重要的作用。本节主要介绍大模型训练所需的关键数据集及预处理方法，数据集包括预训练数据集、指令微调数据集和人工反馈数据集等。

5.4.1 预训练数据集

常用的一些预训练数据集如表 5-2 所示，下面选取一些典型数据集进行介绍。

表 5-2　常用的预训练数据集

数据集	数据集类型	语言	规模
BookCorpus[75]	书籍	英文	5GB
Wikipedia	维基百科	多语言	21GB
Common Crawl[76]	网页	英文	PB 级别
BigQuery	代码	C、C++、Java 等	340GB
The Pile[77]	多种来源	英文	800GB
ArXiv[78]	论文	英文	1.1TB
Infiniset	对话	英文	750GB
WuDaoCorpora[79]	网页	中文	3TB
M6-Corpus[80]	多模态	中文	1.9TB 图像和 292GB 文本

（1）书籍数据集

由于书籍中的文本数据的质量较高，从书籍中构建训练语料是一种最常见的方法。这方面的开源数据集有 BookCorpus[75]、Gutenberg[81]，以及未开源的 Books1[53] 和 Books2[82]。其中，BookCorpus 数据集包含互联网上收集的 11 000 本未出版的书籍，它是训练 GPT 以及 BERT 的常用语料。Gutenberg 则是另外一个包含 70 000 多本书籍的数据集。未公开的 Books1 和 Books2 数据集用来训练 GPT-3。

（2）维基百科

维基百科（Wikipedia）是由维基媒体基金会运营的一个多语言的在线知识平台，里面包含了浩瀚的人类知识。它的特点是自由内容、自由编辑、自由著作权，因此常被用于构建各种自然语言处理的数据集和训练模型。由于维基百科里的内容是多语言的，因此可以用于训练多语言大模型。常见的 LLaMA、GPT-NeoX、LaMDA、PaLM 等模型的预训练数据集中均含有从维基百科中爬取的数据。

（3）网页数据

这部分数据主要来源于互联网，其中最出名的是 Common Crawl 数据集，它在 GPT-3 等模型的训练数据中占比大于 60%。Common Crawl 数据集包含诸如网页数据以及元信息等，它的形式是非结构化的，因此在使用之前需要进行清洗。基于 Common Crawl 清理出来的 C4（Colossal Clean Crawled Corpus）数据集也被用于训练 T5 模型。Meta 在文章 [75] 中介绍了从 Common Crawl 中提取出高质量数据集的方法。除了 Common Crawl 数据集之外，还有一些模型的训练数据爬取了一些垂类网站数据，比如基于 Reddit 网站构建的 WebText 数据集，主要用于训练 GPT-2 模型。WebText 是非开源的，后来大家构建了它的开源版本 OpenWebText，目前的版本包含 2300 万的 URL 和超过 1000 万的网页数据。

（4）代码类数据

大模型训练中一般也混有代码类数据，例如常见的 LLaMA、PaLM、LaMDA、GPT-NeoX 等模型。业界主要的代码交流网站有 GitHub 和 StackOverflow，它们提供了丰富的代码类数据，Google 也开源了 BigQuery[⊖] 数据集。CodeGen[82] 模型在训练过程中就用到了 BigQuery 数据集。

（5）科研类数据

科研类论文也是构建大模型的重要语料来源之一，尤其是著名的 ArXiv 网站上开放了海量的科研论文数据供大家公开访问。ArXiv 数据集[⊜] 包含大约 1.1TB 的论文信息，被用于训练 LLaMA 和 GPT-NeoX 等模型。科研类大模型的典型示例如 Meta 和 Papers with Code 联合推出的 1200 亿参数的 Galactica 模型 [83]，它主要关注回答科学类问题、求解数学类问题等垂直领域。该模型在训练中论文类数据占据了最大比例。The Pile 数据集中也包含一些 ArXiv 上的数据。

⊖ https:// cloud.google.com/bigquery?hl=zh-cn。

⊜ https://huggingface.co/datasets/arxiv_dataset。

（6）对话类数据

一些关注对话类问题的垂类大模型，在训练过程中使用了大量的对话类数据。比如 LaMDA 在训练过程中使用的数据 Infiniset 集，主要由公开的对话数据和一些网络文档构成。其中 50% 的数据来源于公开论坛上的对话数据，12.5% 的数据来源于一些编程相关的 QA 网站。

（7）中文语料

随着大模型领域的发展，出现了大量中文领域的大模型。这些模型在构建时需要大量的中文语料，除了前文提到的如 Common Crawl 和 Pile 等多语言数据集中包含的中文数据之外，中文百科、小说、对话、问答、新闻等也提供了丰富的中文数据源。例如 CPM-LM[17] 使用了大约 100GB 中文语料，就是从以上来源收集大量丰富多样的中文语料。一些常见的中文语料有悟道、nlp_chinese_corpus、THUCNews 以及中文多模态数据集 M6-Corpus。其中，悟道是由北京智源人工智能研究院从 8.22 亿个网页中收集的 3TB 中文语料库。nlp_chinese_corpus 包含大约 520 万条翻译语料。THUCNews 主要由新浪新闻 2005～2011 年的历史数据筛选过滤生成，包含 74 万篇新闻文档。中文多模态数据集 M6-Corpus 包含超过 1.9TB 图像和 292GB 文本，涵盖百科全书、问答、论坛讨论、产品说明等类型的数据集。

自然语言处理的发展历史悠久，除了以上数据集，业界还有很多中文自然语言处理不同的任务，感兴趣的读者可以深入了解。

除了通用的大模型，业界也涌现出大量垂直领域的大模型，这些模型在构建过程中往往也积累了大量的领域内数据，一般都是研究者自己构建的，甚至是没有开源的，下面列举一些常见的垂直领域数据集。

1）金融领域。BloombergGPT 的训练使用了名为 Financial Datasets 的数据集，该数据集包含大量金融领域的 Web 数据，以及彭博社（Bloomberg）的一些自有金融数据。金融方面的中文数据集有 BBT-FinCorpus，它的规模约为 120GB。

2）医学领域。该领域的大模型有 ChatMed[⊖]，它主要关注医学类知识，使用了 ChatMed_Consult_Dataset 数据集，包含 50 多万条在线问诊以及 ChatGPT 回复作为训练集。XrayGLM 数据集是用于构建医学影像诊断的数据集。

3）法律领域。该领域的大模型有 ChatLaw[84]，它关注中文法律领域，模型在训练过程中从一些法律类新闻网站、论坛、社交媒体等收集了大量的法律类数据。英文法律方面，开源的 FreeLaw[⊖] 数据集可以下载。其他法律方面的大模型还有 LaWGPT[⊜]、LexiLaw[⊕]、Lawyer LLaMA^⑤ 等。

5.4.2 指令微调数据集

指令微调数据集一般包含提示词、输入、输出三个字段。其中，提示词字段是期望大模型执行的指令的具体描述，输入字段是输入给大模型的任务相关的具体内容，输出字段是期望大模型输出的内容。指令微调数据集的一个典型例子如表 5-3 所示。

表 5-3　指令微调数据集示例

提示词	输入	输出
根据给定的坐标确定最近的机场。	40.728157, -73.794853	距给定坐标最近的机场是纽约市的拉瓜迪亚机场（LGA）。

需要注意的是，由于在指令微调阶段的训练中，提示词字段和输入字段往往会拼接到一起，因此有些数据集会把输入字段的信息拼接到提示词字段，并把输入字段留空。在模型训练层面，这些改变并没有任何影响。提示词字段和输入字段拼接到一起的示例如表 5-4 所示。

表 5-4　输入字段拼接示例

提示词	输入	输出
这是关于哪方面的新闻：故事、文化、娱乐、体育、财经、房产、汽车、教育、科技、军事、旅游、国际、股票、农业、游戏？农村"煤改气"每户补贴高，环保又清洁，为何有些农民不愿做？	（空）	农业

表 5-5 汇总了一些常见的指令微调数据集，下面选取一些典型数据集进行介绍。

表 5-5　常见的指令微调数据集

数据集名称	语言	参数规模
Firefly	中文	160 万
BAAI-COIG	中文	19 万
Alpaca-Chinese	中文	5 万
BBT-FinCUGE	中文	3 万
Lawyer-LLaMA	中文	2 万
Medical	中英	195 万
HuatuoGPT_sft_data	中文	22 万
OpenOrca [一]	英文	400 万
WebGLM-qa [二]	英文	4.5 万
pCLUE [三]	中文	120 万
BELLE [四]	中文	645 万

流萤（Firefly）数据集 [五] 源自一个开源的中文大模型项目，包含约 160 万条中文任务指令微调数据。数据集包含 23 种常见的中文自然语言处理任务，如对联、诗歌和文言文翻译

[一] https://huggingface.co/datasets/Open-Orca/OpenOrca。

[二] https://huggingface.co/datasets/THUDM/webglm-qa。

[三] https://github.com/CLUEbenchmark/pCLUE/tree/main/datasets。

[四] https://huggingface.co/BelleGroup。

[五] https://huggingface.co/datasets/YeungNLP/firefly-train-1.1M。

等。该数据集的示例如表 5-6 所示。

表 5-6　流萤数据集示例

任务类型	输入	输出
"NLI"	自然语言推理： 前提：家里人心甘情愿地养他，还有几家想让他做女婿 假设：他是被家里人收养的孤儿	中立

BAAI-COIG 数据集[⊖]的全称是 BAAI-Chinese Open Instruction Generalist。BAAI-COIG 总共包含约 19 万条指令数据，数据类型多样，包含翻译、考试、编程、价值观对齐等指令，并且经过了人工质检与修正。值得注意的是，BAAI-COIG 考试类的指令主要源自高考、中考等常识性考试，这些考试包含各种试题格式和针对试题的详细分析与解答，非常适用于思维链训练的语料。

Alpaca-Chinese 数据集[⊜]是由 OpenAI 的 text-davinci-003 模型生成的约 5 万条指令和对应的模型输出构成的数据集。这些数据通过 Self-Instruct 的方式生成并通过机器翻译的方式翻译成中文。

BBT-FinCUGE 数据集[⊜]包含约 3 万条数据，涵盖的任务包括金融新闻公告事件问答、金融新闻分类、金融社交媒体文本情绪分类、金融新闻摘要、金融新闻关系抽取、金融负面消息及其主体判定。需要注意的是，该数据集虽然包含多种金融场景的任务，但是并没有显式提供每个任务对应的指令信息，需要使用者自行补充。

Lawyer-LLaMA 数据集[®]是一个法律领域的指令微调数据集。该数据集包括 2 万多条 ChatGPT 生成的法考数据以及法律咨询数据。其中，法考数据是通过将 JEC-QA 中国法考数据集中的试题输入 ChatGPT，并收集 ChatGPT 对每个答案的解析来构建的。而法律咨询数据是从公开数据集中筛选一些法律咨询问题并让 ChatGPT 扮演律师解答问题来构建的。

⊖　https://huggingface.co/datasets/BAAI/COIG。

⊜　https://github.com/carbonz0/alpaca-chinese-dataset。

⊜　https://github.com/ssymmetry/BBT-FinCUGE-Applications。

㉃　https://github.com/AndrewZhe/lawyer-LLaMA。

Medical 数据集 $^{\ominus}$ 是一个医疗领域的中英文双语数据集。该数据集的中文部分包含 195 万条数据，数据来自中文医疗对话数据集 Chinese-medical-dialogue-data 的 6 个科室的医疗问诊数据、在线医疗百科 huatuo_encyclopedia_q 以及医疗知识图谱 huatuo_knowledge_graph_qa。英文部分包含 11 万条数据，主要来自英文医疗问诊对话数据 ChatDoctor、HealthCareMagic-100k、GenMedGPT-5k 等数据集。

HuatuoGPT_sft_data 数据集 $^{\ominus}$ 是由 4 个来源的数据汇总构成的约 22 万条医疗数据集。第一个数据来源是 ChatGPT 通过 self-instruct 生成的医疗指令和结果。第二个数据来源是现实生活中的单轮问诊记录，这个来源的数据中医生的回答更加具体、详尽。第三个数据来源是通过 ChatGPT 构建的医疗多轮对话，在这个过程中使用了两个 ChatGPT 来创建数据：一个充当患者，另一个充当医生。第四个数据来源是真实的多轮对话，对话包括医生的多轮询问和患者的持续询问。

5.4.3　人工反馈数据集

人工反馈数据集一般用来训练奖励模型，典型的人工反馈数据集一般包含 3 个字段：第一个字段是"提示词"，表示人类给大模型提供的输入信息，一般包含指令信息和输入；第二个字段是"被选中的回复"，表示针对该提示词的优质回答；第三个字段是"被拒绝的回复"，表示针对该提示词的低质回答。一个典型的示例如表 5-7 所示。

表 5-7　人工反馈数据集示例

提示词	被选中的回复	被拒绝的回复
两只脚明显大小不一样，腿也不一样粗，该怎么办，需要做什么检查	与走路姿势没有关系的，人的器官没有完全对称，只是有的不是很明显，这很正常，只要健康就好。只有手术能纠正	这可能是先天性畸形的症状之一。建议进行 X 线片和 CT 扫描等辅助检查以确定诊断并制定治疗方案

$^{\ominus}$ https://huggingface.co/datasets/shibing624/medical。

$^{\ominus}$ https://github.com/FreedomIntelligence/HuatuoGPT。

表 5-8 汇总了一些常见的人工反馈数据集。

表 5-8 常见的人工反馈数据集

数据集名称	语言	规模
Reward-Medical[⊖]	中文	400
Reward-openai_summarize_comparisons[⊖]	英文	26 万
Reward-oasst1_pairwise_rlhf_reward[⊜]	35 种语言	2 万
Reward-static-hh[四]	英文	9 万
Reward-rlhf-reward-datasets[五]	英文	7 万
Reward-zhihu_rlhf_3k[六]	中文	3000

下面选取 3 个典型数据集进行介绍。

Reward-Medical 数据集包含来自中文医疗对话的提问，其中优质回复来自该数据集中医生的真实答复，低质回复来自大模型生成的回复。Reward-openai_summarize_comparisons 数据集是关于文本摘要的人工反馈数据集，每条数据包含一个文档及其对应的优质摘要和低质摘要。Reward-oasst1_pairwise_rlhf_reward 数据集是一个真实的对话场景的数据集，包含了优质和低质的对话回复。

5.4.4 数据预处理方法

大模型需要大量的数据进行训练，大模型的效果在很大程度上取决于用于训练它的数据质量。因此，数据的预处理是大模型训练的重要环节。一般而言，训练数据的预处理包

[⊖] https://huggingface.co/datasets/shibing624/medical/viewer/reward/train。

[⊖] https://huggingface.co/datasets/CarperAI/openai_summarize_comparisons。

[⊜] https://huggingface.co/datasets/tasksource/oasst1_pairwise_rlhf_reward

[四] https://huggingface.co/datasets/Dahoas/static-hh

[五] https://huggingface.co/datasets/yitingxie/rlhf-reward-datasets

[六] https://huggingface.co/datasets/liyucheng/zhihu_rlhf_3k

括如下步骤。

1）语言识别：筛选需要的语言对应的语料，并保证文本的语言一致性。

2）文本去重：消除数据集中的冗余内容，缩小数据规模，降低模型被相似文本过度训练而导致的过拟合风险，提高训练效率和模型的泛化能力。

3）基于规则的过滤：过滤不合要求的内容，如过长和过短的文本、HTML 标签、表情符号构成的文本和含有个人敏感信息的文本等。

4）基于模型的过滤：用机器学习模型检测并选取高质量的文本，进一步提升数据质量。

5）数据归一化：不同数据集的数据来源和格式可能不同，需要使用归一化来保证数据的一致性，符合模型训练的格式要求。

为了处理大型数据集，可能还需要采用专门的大数据处理工具，如分布式计算框架 Hadoop 或 Spark。在数据预处理的过程中，还需要关注数据隐私和安全性，确保敏感信息得到妥善处理。

5.5 小结

本章深入探讨了大模型的评测方法。首先，我们介绍了大模型评测的两种主要方式——人工评测和自动评测，然后详细讨论了各种评测指标，包括准确率、精确率和困惑度等，以及大模型能力的评测基准，如 MMLU 和 C-Eval。最后，我们介绍了一些典型的数据集和数据预处理的流程。通过阅读本章，读者将更全面地了解大模型评测的方法和流程，为评估和改进大模型的性能提供参考。

CHAPTER 6

第 6 章

分布式训练与内存优化

随着神经网络模型规模的不断增大，大模型训练对硬件的内存[⊖]和算力提出了新的要求。首先，模型参数过多，导致单机内存放不下，即使可以容纳，计算速度也不能满足要求。其次，硬件算力的增长远远比不上模型规模增长的速度，单机训练变得不再可行，需要并行化分布式训练加速。比如 Megatron-Turing NLG 模型拥有多达 5300 亿的参数[85]，训练需要超过 10TB 的内存来存储权重、梯度和状态。

分布式训练的主要目的是突破单机内存限制和加速训练。考虑到模型是一个有机的整体，横向扩展机器数量并不能提升训练和推理速度，需要有并行策略和通信优化，才能实现高效并行训练。需要特别注意的是，分布式训练的主要瓶颈在于网络通信。多机训练需要同步计算结果，通信量随着模型规模的增大而急剧增加，所以通信带宽往往成为限制并行训练速度的重要因素。在某些情况下，多机通信的传输速度比单机多卡通信可能会慢一个数量级。因此，优化网络拓扑结构与通信算法是分布式训练中的关键课题。

⊖ 本章中提到的"内存"均指GPU显存。

6.1 大模型扩展法则

我们通常使用浮点运算次数（Floating Point Operation，FLOP）作为模型训练计算量的衡量指标。所谓大模型扩展法则（Scaling Law），指的是当模型规模增大时，训练数据和计算量应该以什么样的比例进行扩展的规律。换句话说，在给定计算量的条件下，应该训练多大的模型？显然，答案并不是越大越好。假设我们有 100 亿个训练数据，用 10% 的数据训练 1000 亿参数的模型，与用 100% 的数据训练 100 亿参数的模型所需要的计算量一样。当我们拥有更多计算资源时，模型规模又应该增大多少？2020 年 OpenAI 的一项研究 [86] 解答了这些问题。简而言之，增加模型规模将会带来最大的收益，而非增加训练时间或数据集规模。

图 6-1 展示了模型大小、批次大小和训练步数与模型性能的关系。显然，将资源分配在模型大小上带来的增益最为高效。因此，在之后几年的研究中，研究者都倾向于训练越来越大的模型。

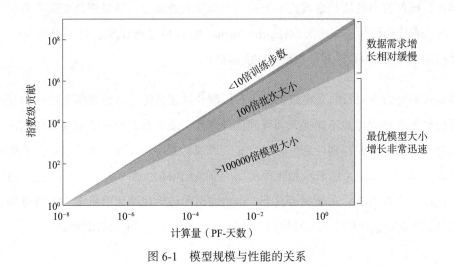

图 6-1   模型规模与性能的关系

但 2022 年 DeepMind 的一项研究 [87] 推翻了之前的扩展定律，研究者发现单方面扩大模型的规模并不能达到最优性能。随着规模的增大，模型也面临着一系列的挑战，包括训练和推断成本的快速上升和需要更多高质量数据。比如，5400 亿参数的 PaLM 虽然在部分任务上的性能超过了更小的 700 亿参数模型 Chinchilla，但它消耗了约 5 倍的计算资源，考虑到它的参数规模，实际应用中也会面临更多的困难。实际上，这项研究发现高质量的数据集对模型性能的扩展起到的作用更为显著。

DeepMind 尝试用不同规模的数据（从 50 亿到 5000 亿 token）训练超过 400 个不同大小的模型（从 7000 万参数到超过 160 亿参数），发现模型和训练数据规模需要同比增大。研究者使用三种不同的方法对最优模型的大小进行建模，最终经过计算，使用与 Gopher（2800 亿参数）同样的计算量和 4 倍的数据，训练了 700 亿参数的最优模型 Chinchilla。它在许多下游任务上的性能显著超过了 Gopher（2800 亿参数）、GPT-3（1750 亿参数）Jurassic-1（1780 亿参数）和 Megatron-Turing NLG（5300 亿参数）。

第一种方法是固定模型大小，改变训练数据量估算最优模型规模。DeepMind 在 7000 万～100 亿参数的一系列模型上，用 4 个不同数据量的模型训练。之前的研究成果假设它们之间满足幂次定律。假设计算量为 C，模型大小为 N，数据量为 D。根据这些训练数据点 $(C_i, N_{opt,i}, D_{opt,i})$ 和它们之间的幂次关系 $N_{opt} \propto C^a$ 和 $D_{opt} \propto C^b$，可以用来估算超参数 a 和 b 的数值。

第二种方法是固定计算量，改变模型大小估算最优模型规模。对 9 种不同的计算量训练了不同规模的模型，并记录下最小训练损失，得到图 6-2 所示的结果。

图 6-2 中每条线使用相同计算量（FLOP），横轴代表模型规模，纵轴代表训练损失。实验结果表示，每条计算量曲线都存在一个训练损失最小的点，也就是最优模型的大小。例如，对于自上而下第二条 1×10^{19} 曲线，随着模型规模增大至 3 亿，训练损失在不断减小，之后训练损失转而增加。与第一种方法类似，根据它们之间的幂次关系 $N_{opt} \propto C^a$ 和 $D_{opt} \propto C^b$，可以估算超参数 a 和 b 的数值。

第三种方法结合上述两种方法的实验结果，使用函数拟合的方式建模最优模型大小：

$$\hat{L}(N,D) = E + \frac{A}{N^{\alpha}} + \frac{B}{D^{\beta}}$$

最终估算出超参数a和b的数值。

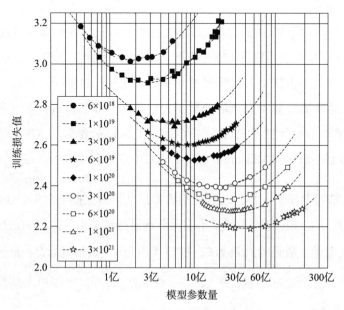

图 6-2　计算量与模型规模的关系

　　这三种方法都证实，在计算量增大时，模型大小和训练数据也应该同比增大。这项研究一定程度上说明目前的大模型显然过大了。或许我们并不总是需要更大的模型，考虑推理成本、延迟和训练难度，小而美的模型可能是更优的选择。大模型扩展法则为训练高成本收益比的模型指出了方向，后续我们将具体讨论分布式训练的策略与各种优化方案。

6.2　分布式训练策略

　　目前主流的几种分布式训练策略有数据并行（Data Parallelism，DP）、张量并行（Tensor Parallelism，TP）、流水线并行（Pipeline Parallelism，PP）和混合并行（Hybrid Parallelism，HP）。

6.2.1　数据并行

数据并行原理很简单，所有节点都保存完整的模型参数，仅把数据集切分成 N 份，在更新参数时，将所有节点的梯度进行聚合即可。数据并行实现简单，是首选的并行方案，缺点是存储效率不高，模型参数被冗余存储 N 次。当模型较大时，通信开销很大，节点之间同步数据将成为计算瓶颈。所以，数据并行适用于模型较小而数据量较大的情况。图 6-3 是使用 4 个 GPU 进行数据并行训练的示意。

如图 6-3 所示，每个 GPU 都保留一份模型副本，将数据集切分为 4 份，在不同 GPU 上单独训练，从而实现数据并行的训练策略。

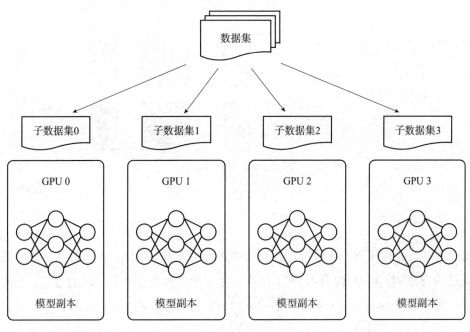

图 6-3　数据并行示意

6.2.2　张量并行

模型并行是指模型可以被切分到多个 GPU 中，每个 GPU 仅负责一部分模型的训练，因此每个 GPU 的显存占用和计算量将会减少。张量并行是与流水线并行都属于模型并行，区别在于对模型参数的切分"方向"不同：张量并行是把模型进行层内切分（Intra-layer），而流水线并行则是将模型进行层间切分（Inter-layer）并在不同节点处理。张量并行可以降低单机内存使用到模型大小的 1/N，存储效率较高，因此可以用于因参数量较大而无法单机训练的场景。但它在每次前向和后向计算时需要在不同节点间通信聚合数据，从而引入额外的通信开销。图 6-4 是将一个矩阵乘法按列切分张量并行的示意。

如图 6-4 所示，将矩阵 **B** 按列切分，在两个 GPU 上分别计算结果，然后将两节点的结果按列合并得到最终计算结果 **C**，从而实现张量并行训练策略。

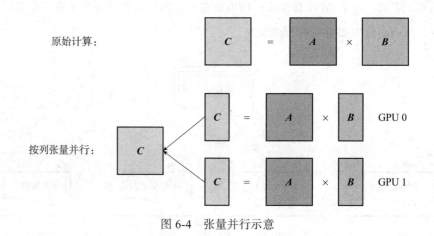

图 6-4　张量并行示意

6.2.3　流水线并行

流水线并行是按模型的不同层进行切分并在不同设备上处理。模型越深，流水线并行越能降低内存使用，但是每层的计算量不变。由于通信只发生在各阶段的边界，流水线并行也是三种并行策略中通信开销最小的一个。但流水线并行不能无限扩展，它的并行度受到模型深度的限制。此外，不同阶段的计算量需要比较均衡，否则并行效率会降低。流水线并行的原理与计算机体系结构中的指令并行非常类似，图 6-5 是一个简单的流水线并行示意。

如图 6-5 左图所示，对于一个简单的神经网络，按层切分为 4 段。训练的过程可以分为 4 个前向计算函数 F0、F1、F2、F3 和 4 个后向计算函数 B0、B1、B2、B3，这些函数计算的依赖已在图中标出。此时，在 4 个设备上并行训练该网络时的时序如图 6-5 右图所示。首先由设备 0 执行 F0，然后根据 F0 的结果，设备 1 执行 F1，设备 2 再根据 F1 的结果执行 F2，依此类推，后向计算亦然。从时序图上来看，虽然使用了 4 个设备进行并行计算，但由于计算依赖性的存在，每个设备都有一些空闲时间，也就是图中的空白部分，一般将设备空闲的时间称为气泡（Bubble）。

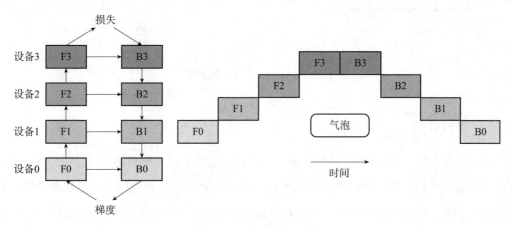

图 6-5　流水线并行示意

为了提高并行计算的效率，研究者提出了一些优化方案来降低气泡的占比。以 GPipe[88] 为例，其主要思路是将每个迷你批次（Mini-batch）的数据更细粒度地切分成微批次（Micro-batch），从而减少下个计算函数的等待时间，达到减少气泡时间占比的目的。

具体来说，对于前面的例子，GPipe 的优化方案如图 6-6 所示，首先将每个迷你批次的数据切分成了 4 个微批次，第一个下标代表设备编号，第二个下标代表微批次数据编号，此时，设备 1 可在 F00 执行完毕之后立即执行 F10，而不需要图 6-6 中等待 F00、F01、F02、F03 都执行完毕后才开始执行，并行度和设备利用率得到了显著提升，气泡占比由原始的 24/32=75% 降至 24/56=42.9%。

此外，流水线并行的显存占用也可以优化，如 PipeDream[89] 可以在每个微批次的前向传播计算后立即开始反向传播计算，而反向传播计算完毕后即可释放对应微批次的激活值，从而降低显存的占用时间。

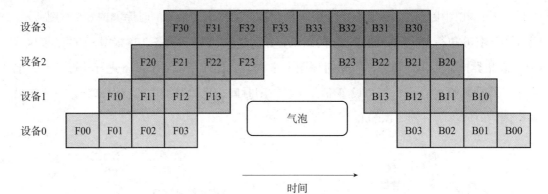

图 6-6   GPipe 并行优化方案

6.2.4   混合并行

混合并行也称为 3D 并行，是结合多种并行计算方法来加速模型训练的过程。混合并行可将以上数据并行、张量并行和流水线并行策略联合使用，达到同时提升存储和计算效率的目的。例如，Megatron-Turing NLG 就是将 Transformer 模块首先使用流水线和张量 2D并行，然后再加上数据并行，将训练扩展到更多的节点。

6.3   大模型训练中的不稳定现象

随着模型规模的不断增大，模型训练的难度也在不断增加。因此，大模型训练过程中的不稳定问题是难以规避的挑战之一。

以 Meta 提出的供研究使用的大模型 OPT（Open Pre-trained Transformer）[90] 为例，它与 GPT-3 的参数量同为 1750 亿，但 OPT 在训练时遇到了非常严重的训练不稳定现象。Meta 开源了全部训练日志（见图 6-7），从中可以看出他们在训练 OPT 时始终被训练崩溃所困扰。训练的过程始终伴随梯度溢出和梯度消失的问题，导致训练被迫中止。

从图 6-7 中可以看出，在 11 月 25 日前后有许多训练中断的时间区间（PPL 曲线消失），它们都是训练不稳定而中断所致。显然，在长时训练中，这种现象的出现并不罕见。

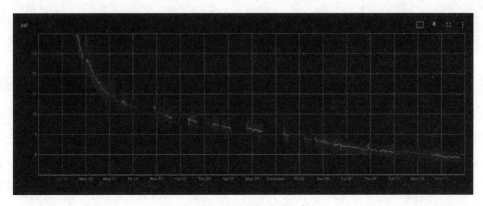

图 6-7 OPT 训练日志 [⊖]

引起训练不稳定的原因目前还是悬而未解的问题。除了训练直接崩溃中断之外，训练过程中还会随机地出现损失的剧烈波动，但这种波动在规模相对较小的模型中并未出现。最初，研究者猜想问题的原因在于训练数据中存在脏数据，但消融实验证明，将出现问题附近的一批数据在其他检查点上重启训练，并未出现同样的毛刺，说明该批次的数据本身并没有问题。所以，训练中的不稳定现象更可能是在大模型的某个状态与数据的特殊组合所致。

考虑到大模型的训练成本和引起训练不稳定的根本原因依然未知，目前一般采用一种启发式的方案来规避这个棘手的问题：从出现问题的步数回退数步，略去几个批次数据，并从该检查点重启训练，即可绕过训练不稳定的问题。

6.4 分布式训练集群架构

随着训练的模型越来越大，分布式训练任务的集群规模也在不断扩大。GPU 之间通信可以使用 NVLink[⊖]进行高带宽互连，GPU 卡间传输 TB 级别的数据变得可行。NVLink 是英伟达开发的一种总线及其通信协议。具体来说，第四代 NVLink 技术每块 GPU 的通信带宽可达 900GB/s。当单机多 GPU 不能满足需求时，多机分布式训练则需要通过 InfiniBand[⊜]互

⊖　https://github.com/facebookresearch/metaseq/blob/main/projects/OPT/chronicles/56_percent_update.md。

⊖　https://www.nvidia.com/en-us/data-center/nvlink/。

⊜　https://www.nvidia.com/en-us/networking/products/infiniband/。

联实现较高的通信带宽来满足训练需求。InfiniBand 是一种用于高性能计算的计算机网络通信标准，具有非常高的吞吐量和非常低的延迟，常被用于计算机之间和内部的数据互连。

随着从单机单卡（单 GPU）到单机多卡，再转移到分布在多个机架和网络交换机上的多个节点，对应的分布式训练算法将变得更加复杂。分布式训练面临的难题是设备计算速度和节点通信速度不匹配的问题。一般来说，节点通过相对较低的带宽连接，在某些情况下它们的传输速度可能会比节点内传输速度差一个数量级，因此跨节点同步是个棘手的问题，对于分布式训练的通信效率优化至关重要。除了从硬件上提升通信速度外，集群架构与通信算法也直接影响训练效率。本节将介绍两种典型的分布式训练架构：中心化架构与去中心化架构。

6.4.1　中心化架构：参数服务器

参数服务器（Parameter Server）是一种常见的分布式训练框架，它的核心思想在 2010 年分布式隐变量模型中被提出 [91]。参数服务器的设计很直观，通过采用一个中心存储，也就是所谓的“参数服务器”存放参数，提供了在分布式训练中不同的节点之间同步模型参数的机制。每个节点仅需要保存它计算时所依赖的一部分参数，从而达到分布式并行训练的目的。参数服务器框架主要包含两种类型的节点：服务器和工作节点。其中，服务器负责参数的存储和更新，而工作节点负责提供算力进行训练。图 6-8 是参数服务器的工作流程示意。

如图 6-8 所示，参数服务器训练的具体流程如下：

1）将模型参数分片，并存储在不同的服务器中。

2）将训练数据均匀分配给不同的工作节点。

3）工作节点：读取一批训练数据，从服务器中拉取最新的参数，计算梯度，并根据分片信息将结果上传至不同的服务器。

4）服务器：接收工作节点上传的梯度，根据优化算法聚合结果并更新参数。

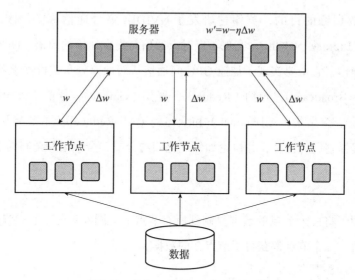

图 6-8　参数服务器的工作流程示意

参数服务器的扩展方式如下：当训练数据过多，算力不足时，应该引入更多工作节点提高训练速度；当模型参数过大，以至当前模型存储空间不足，或工作节点过多导致一个服务器成为瓶颈时，需要引入更多服务器。

参数服务器的结构虽然简单，但由于多个节点需要与中心参数服务器进行数据同步通信，因此服务器的带宽通常成为系统的瓶颈。虽然通过增加参数服务器的数量可以在一定程度上缓解，但无法从根本上解决瓶颈问题。

6.4.2　去中心化架构：集合通信

顾名思义，去中心化架构没有中心服务器，节点之间可以通过直接通信的方式进行协同训练。具体而言，节点间的通信包括点对点通信（Point-to-point Communication）与集合通信（Collective Communication）两种方式。点对点通信采用单发单收的方式，原理简单，但通信效率相对较低，此处不再赘述。集合通信采用多发多收的方式，多个节点协同工作，降低通信开销，提升通信效率。去中心化架构比中心化架构拥有更好的扩展性，是当前分布式训练的主流架构。

为达到高效训练的目的，英伟达研发了 NVIDIA 集合通信库[⊖]（NVIDIA Collective Communication Library, NCCL），实现了点对点通信与集合通信的原语。NCCL 并未实现全部的集合通信操作，它主要实现了加速 GPU 间通信从而加速分布式机器学习训练的操作子集，包括广播（Broadcast）、归约（Reduce）、聚集（Gather）、分散（Scatter）、归约分散（Reduce-Scatter）、全聚集（All-Gather）和全归约（All-Reduce）。本节将从集合通信的基本操作入手，解释它们的含义，并讨论如何优化归约分散、全聚集和全归约的通信开销。

1. 广播

广播操作用于将一个节点的数据复制到所有节点上。图 6-9 是一个三节点广播的示例。经过广播操作后，三个节点都获得了节点 2 的数据 a。

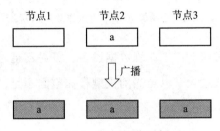

图 6-9　广播操作示例

2. 归约

归约操作用于将不同节点的部分数据用选定的算符（如求和、最大值、最小值等）收集并聚合成一个全局结果。图 6-10 是一个三节点进行求和的归约示例。经过归约操作后，得到三个节点求和后的结果 a1+a2+a3 并放置于节点 2。

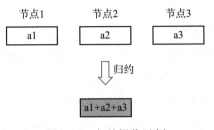

图 6-10　归约操作示例

⊖　NVIDIA Collective Communications Library，https://developer.nvidia.com/nccl。

3. 聚集

聚集操作用于将所有节点的数据收集到单个节点上，又称多对一操作（All-to-one）。它与归约的区别在于聚集仅将收集到的数据拼接在一起，而不做额外的算符聚合。图 6-11 是一个三节点进行聚集的示例。经过聚集操作后，三个节点的部分结果 a、b、c 被拼接后放置于节点 2。

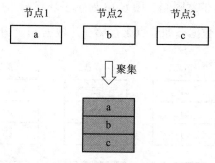

图 6-11　聚集操作示例

4. 分散

分散操作用于将一个节点的数据切分并分发到所有节点，又称一对多操作（One-to-all）。图 6-12 是一个节点分散到三个节点的示例。经过分散操作，将节点 2 的结果切分为 a、b、c 三份，并依次放置于节点 1、节点 2 和节点 3 上。

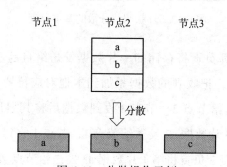

图 6-12　分散操作示例

5. 归约分散

归约分散是先执行归约操作，然后再将归约后的部分结果分散放置于对应节点上。

6.4.1 节介绍的参数服务器架构简单并易于使用，但它的主要问题在于随着 GPU 卡数的增加，服务器节点的通信量随之线性增长，服务器节点也会成为通信瓶颈。在给定通信带宽的情况下（不考虑延迟），训练所需通信时间会随着 GPU 数量的增加而线性增加。

为了解决此问题，环状通信算法被提出，每个节点仅与相邻节点通信。环状通信算法的优点在于数据传输的通信量是恒定的，不随 GPU 数量的增加而增加，通信时间仅受环中相邻节点之间最慢的链路带宽限制。图 6-13 展示了环状归约分散的基本原理。在初始状态，三个节点各存储一部分数据，如节点 1 存储三片数据 a1、b1 和 c1。

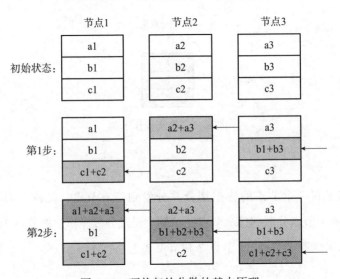

图 6-13   环状归约分散的基本原理

第 1 步中，每个节点都负责将存储的一片数据发送给自己左侧的节点，同时每个节点收到右侧节点的数据后，把收到的数据累加到本地对应位置的数据上。例如，节点 1 负责将第 2 片数据 b1 发送给节点 3，节点 3 收到数据后将其累加到第 2 片数据得到结果 b1+b3；节点 2 负责将第 3 片数据 c2 发送给节点 1，节点 1 收到数据后将其累加到第 3 片数据得到结果 c1+c2；节点 3 负责将第 1 片数据 a3 发送给节点 2，节点 2 收到数据后将其累加到第 1 片数据得到结果 a2+a3。

第 2 步中，每个节点都负责将上步收到的累加数据继续发送给自己左侧的节点，同时每个节点收到右侧节点数据后，把收到的数据累加到本地对应位置的数据上。例如，节点 1

负责将第 3 片数据 c1+c2 发送给节点 3，节点 3 收到数据后将其累加到第 3 片数据得到结果 c1+c2+c3；节点 2 负责将第 1 片数据 a2+a3 发送给节点 1，节点 1 收到数据后将其累加到第 1 片数据得到结果 a1+a2+a3；节点 3 负责将第 2 片数据 b1+b3 发送给节点 2，节点 2 收到数据后将其累加到第 2 片数据得到结果 b1+b2+b3。至此，环状归约分散执行完成。

将上述过程推广到一般情况，假设共有 p 个节点，每个节点上数据都划分为 p 份，每个节点上的数据大小为 V，则环状归约分散共需要 $p-1$ 步才能完成。经过 $p-1$ 步之后，每个节点上都有了一片所有节点上对应位置数据归约之后的数据。在整个过程中，每个节点向外共发送了 $\frac{p-1}{p} \cdot V$ 大小的数据，也收到了 $\frac{p-1}{p} \cdot V$ 大小的数据，假设每个节点的出口和入口带宽是 b，则整个过程需要的时间是 $\frac{p-1}{pb} \cdot V$，如果 p 足够大，那么完成时间可近似为 $\frac{V}{b}$，注意，此通信时间与节点数 p 无关。在所有节点间传递的数据总量为 $(p-1) \cdot V$，与节点数 p 成正比。

6.　全聚集

全聚集操作将各节点的部分数据聚集在一起，并将完整的结果分发到各节点之上。全聚集的实现与归约分散的方式类似，也可以通过环状通信实现。图 6-14 展示了环状全聚集的执行过程。

在初始状态，三个节点各存储一部分数据，如节点 1 拥有 1 片数据 a1+a2+a3。

第 1 步中，每个节点都负责将存储的部分数据发送给自己左侧的节点，同时每个节点收到右侧节点的数据后，把收到的数据放置于本地对应位置的数据上。例如，节点 1 负责将部分数据 a1+a2+a3 发送给节点 3，节点 3 收到数据后将其放置在第 1 片数据，此时节点 3 拥有了 1、3 两片数据；节点 2 负责将部分数据 b1+b2+b3 发送给节点 1，节点 1 收到数据后将其放置在第 2 片数据，此时节点 1 拥有了 1、2 两片数据；节点 3 负责将部分数据 c1+c2+c3 发送给节点 2，节点 2 收到数据后将其放置在第 3 片数据，此时节点 2 拥有了 2、3 两片数据。第 2 步与第 1 步类似，此处不再赘述。

显然，全聚集操作的通信时间也是 $\dfrac{p-1}{pb} \cdot V$，与归约分散一样。

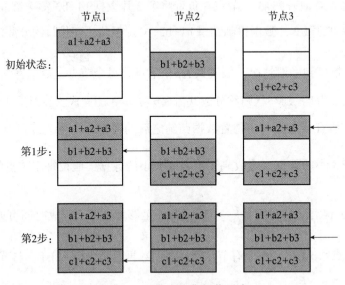

图 6-14　环状全聚集操作示意

7. 全归约

全归约操作与归约操作类似，区别在于全归约会将归约后的结果再分发给所有节点。图 6-15 是一个三节点全归约的示例。全归约算法将不同节点的数据聚合（此处以求和为例）成为一个单数组。

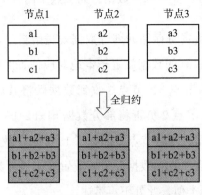

图 6-15　全归约操作示意

在分布式机器学习训练中，全归约无疑是使用频率最高、用途最广的操作，它常用于从多个节点上梯度求和。因此，对于全归约的通信效率优化就非常重要。全归约有许多不同的实现，最简单的实现是每个节点将自己的所有数据使用广播操作发给所有节点，但这样存在严重的带宽浪费问题。于是，更高效的算法如环状全归约（Ring All-Reduce）和树状全归约（Tree All-Reduce）被提出，它们具有各自的优缺点和不同的应用场景。

（1）环状全归约

环状全归约可由前文介绍的归约分散和全聚集操作组合实现。第一阶段的归约分散使得每个节点保存部分归约后的结果，第二阶段的全聚集可将每个节点的部分结果分散到所有节点上。整个过程如图 6-13 和图 6-14 所示，全归约的最终结果如图 6-15 所示，此处不再赘述。

（2）树状全归约

环状通信虽然优化了通信带宽，但随着 GPU 数量的增加，环形拓扑会导致通信延迟线性增加。具体而言，当数据量 V 比较大时，延迟项可以忽略，前文分析成立。当 V 相对较小，或者节点数 p 很大时，带宽将不再是瓶颈，影响训练速度的主要因素变成了延迟，此时环状全归约的方案存在改进的空间。

于是，NCCL 提出了树状全归约算法优化通信延迟，用满带宽的同时将延迟降至对数级，也就是树状拓扑的深度级别。树状全归约的实现依赖于双二叉树（Double Binary Tree）拓扑，如图 6-16 所示，将网络中的节点构造两棵互补的二叉树，该网络拓扑具有如下性质：

- 根节点 0 和 31 仅有一个父节点和一个子节点。
- 其余每个节点都有两个父节点和两个子节点。

因此，当我们使用两棵树中的一棵处理一半的数据时，每个节点将最多接收和发送 2 倍的数据量，与环状全归约算法的实现相同。但这种连接方式可以将延迟由 $O(n)$ 降至 $O(\log(n))$。

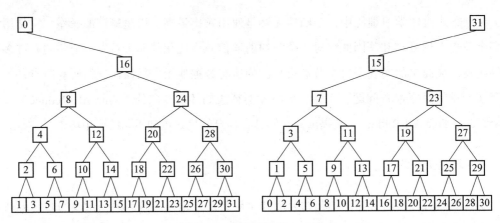

图 6-16　两棵互补的二叉树

实验证明，当 GPU 数线性增加时，环状全归约算法的传输延迟也线性增加。但树状全归约算法的传输延迟呈对数级别增加，显著优于前者。英伟达在 24 576 块 GPU 上测试了两种算法的延迟，结果如图 6-17 所示。随着 GPU 数量的增加，环状通信算法的延迟呈线性增加，在 24 000 块 GPU 的设定下，树状通信在延迟上可优化约 180 倍，此时树状通信的延迟显著优于环状通信。

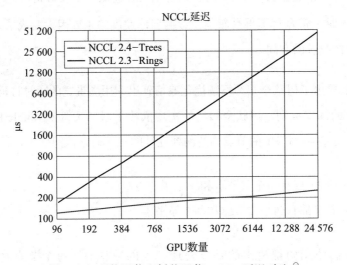

图 6-17　环状通信和树状通信 NCCL 延迟对比 ⊖

⊖　https://developer.nvidia.com/blog/massively-scale-deep-learning-training-nccl-2-4/，Massively Scale Your Deep Learning Training with NCCL 2.4。

6.5　内存优化策略

除了采用分布式训练降低单节点内存使用之外，还有一些其他的内存优化策略。首先我们分析一下训练过程中内存的开销，主要可分为以下 4 部分。

- 模型参数：神经网络权重。
- 优化器状态：与优化算法相关，不同算法需要不同的中间变量存储。
- 中间结果：前向计算得到的激活中间结果，存储待反向传播时计算梯度使用。
- 临时存储：模型实现中的其他计算临时变量，用完后尽快释放。

其中，模型参数与临时存储在训练和推断中都需要，而优化器状态和中间结果仅在训练中使用。前面提到的几种并行训练策略都是采用分治的思想，按不同策略将模型参数与中间结果切分成更小的单元再进行归约，从而突破单机显存限制。下面提到的几种显存优化方案从模型训练本身入手，对上面一个或多个部分进行优化：混合精度训练可以优化模型参数、优化器状态和中间结果存储，梯度检查点和梯度累积主要优化中间结果存储。

6.5.1　混合精度训练

更大的模型需要更多的计算和存储资源进行训练和推理，而模型性能由 3 个因素决定：存储带宽、算术带宽和延迟。降低精度可以解决前两者的瓶颈：用更少的比特存储同样参数量减少存储带宽压力，低精度计算也会带来更高的吞吐。混合精度训练（Mixed Precision Training）[92] 可以在尽量不损失模型精度的条件下，加速模型训练并减少显存占用。同时，它也不需要改变模型结构和参数，是大模型训练的重要技术之一。

现代深度学习系统默认使用单精度（FP32）格式进行训练。所谓混合精度训练，并不是简单地将模型参数和激活精度降至半精度（FP16），这么做可能导致严重的模型精度损失或参数溢出问题。因此，混合精度训练主要解决的问题是如何在不损失模型精度的条件下使用 FP16 进行训练。具体来说需要结合 3 项技术：维护一套单精度的模型权重、缩放损失和使用 FP32 进行加法累积。

先回顾半精度浮点数 FP16 的定义，IEEE 754 标准定义了半精度浮点数的格式：

● 符号位：1 bit。
● 指数位宽：5 bit。
● 尾数精度：10 bit。

单精度与半精度浮点数格式对比如图 6-18 所示，与单精度浮点数相比，半精度浮点数的指数位宽由 8bit 缩为 5bit，尾数精度由 23bit 缩为 10bit。

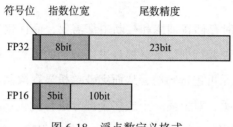

图 6-18　浮点数定义格式

我们具体介绍混合精度训练的关键技术与细节，主要包括母版权重复制（Master Copy of Weight）、损失缩放（Loss Scaling）与精度累加（Precision Accumulated）三部分。

1. 母版权重复制

首先，需要额外存储一套 FP32 模型权重，即母版权重，而中间结果如激活和梯度都存储为 FP16 格式。图 6-19 对神经网络中的一层的训练过程进行示意。对于一层神经网络，在每轮迭代中，先将母版权重复制成 FP16 格式权重（float2half），然后参与前向计算和后向计算，从而降低一半的存储和带宽开销。最后将 FP16 的权重梯度更新至母版权重，一轮迭代完成。

存储 FP32 的母版权重有两个原因：第一，待更新的梯度值非常小，以至于 FP16 无法表示。经验统计，约有 5% 的权重更新值小于 2^{-24}，此时更新梯度归零，影响模型精确度。第二，权重值与权重更新值之间的差异过大（两者比值大于 2048）时，浮点数计算右移对齐可能导致权重更新值归零。这两种归零情况都可以通过使用 FP32 母版权重进行参数更新来解决。

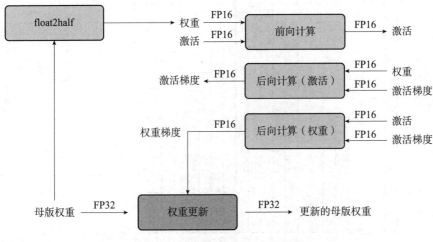

图 6-19 混合精度训练过程示意

2. 损失缩放

虽然存储 FP32 参数复制会带来一些额外的存储开销，但考虑到训练过程中主要的存储开销来源于较大的批次和用于反向传播的中间结果，而这些激活值使用 FP16 进行存储，所以总体存储开销还是可以降低大约一半。

如图 6-20 所示，统计 Multibox SSD detector network 训练中所有神经网络层的梯度值，其中，梯度为 0 的激活值约占 67%，单独表示。显然，大部分的指数表示都偏左（偏小），超出了 FP16 的最小表示范围，因此会归零。考虑到梯度取值都很小，一种简单、高效的做法是将它们在前向计算时扩大数倍，而在反向传播后更新参数前再同比缩小，从而减少计算精度损失，这种方法被称为损失缩放。缩放的倍数选择对结果影响不大，只要缩放后的计算不产生溢出就不会对模型带来负面影响。在计算过程中如果发现有溢出，直接将本次迭代忽略即可。对于图 6-20 中的示例，将在 FP16 中变为 0 的部分缩放至 FP16 可表示区域即可，即缩放倍数为 8（将 2^{-32} 平移至 2^{-24}）即可达到与 FP32 训练相同的模型准确度，这在一定程度上说明当梯度小于 2^{-27} 时，这些更新对模型精度的影响已然微乎其微，而处于 $[2^{-27}, 2^{-24})$ 之间的梯度更新对最终结果有显著影响。

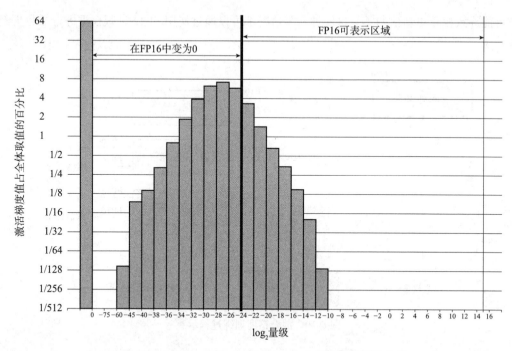

图 6-20　Multibox SSD detector network 训练梯度值柱状图

3. 精度累加

最后，点乘和向量元素累加归约算术操作（如批归一化和 Softmax）需要用 FP32 格式，而在写入内存前转换成 FP16，可以减少模型精度损失。在训练过程中，这些运算的瓶颈是存储带宽，变为 FP32 后虽然算术操作速度本身变慢，但对总体的训练速度影响不大。

表 6-1 对混合精度训练的性能进行了对比，实验证明，混合精度训练对模型精度的影响不大，但可以减少约一半的显存开销。

表 6-1　混合精度训练性能对比

模型	基线	混合精度
AlexNet	56.77%	56.93%
VGG-D	65.40%	65.43%
GoogleLeNet（Inception v1）	68.33%	68.43%

（续）

模型	基线	混合精度
Inception v2	70.03%	70.02%
Inception v3	73.85%	74.13%
Resnet50	75.92%	76.04%

6.5.2　梯度检查点

前文提到显存的主要开销之一是反向传播所需要的中间结果，梯度检查点（Gradient Checkpointing）的主要优化点就在于此。梯度检查点是个典型的用时间换空间节省显存开销的方案，可以将训练的显存开销由$O(n)$降至$O(\sqrt{n})$。训练过程中显存的开销主要是模型参数、参数梯度、优化器状态及中间结果。大多数算子都依赖前向计算的中间结果进行反向传播，因此我们需要$O(n)$的显存存储这些前向中间结果。为了节省显存开销，梯度检查点仅保留少量前向计算结果，而在反向传播需要这些结果时，再进行一次前向计算将中间结果恢复。更具体来说，将神经网络切分成几段，仅记录每段的输出而扔掉在此段中的所有中间结果，这些丢弃的中间结果在反向传播时重新计算并恢复。对于前馈神经网络，梯度检查点技术可用牺牲 20% 训练时间的代价，训练 10 倍于原始方案的模型，显著降低显存的占用。

图 6-21 所示为五节点前馈神经网络，可在前向计算过程中仅保留 1、3、5 三个节点的中间结果，而在反向传播需要时，通过前向计算恢复 2（最近节点为 1）、4（最近节点为 3）节点的中间结果。

图 6-21　五节点前馈神经网络

图 6-22 展示了使用梯度检查点技术后，在 GTX1080 上训练不同规模 ResNet 所用内存

和训练时间的变化，训练过程中的峰值显存使用显著降低，代价是训练时长的些许增加。

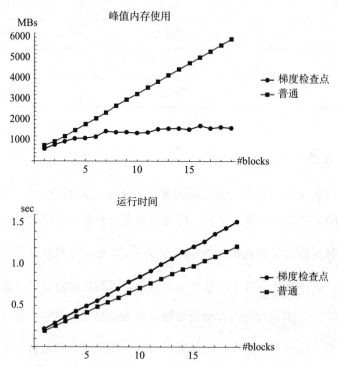

图 6-22   应用梯度检查点后，在 GTX1080 上训练不同规模 ResNet 所用内存和训练时间对比 ⊖

6.5.3   梯度累积

在训练模型时，不同的批次大小对最终结果的影响很大。研究证明，更大的批次可以使训练更加高效，模型性能更好。但更大的批次占用更多显存，GPU 显存的硬件限制导致批次的扩展受限。为解决此问题，梯度累积（Gradient Accumulation）应运而生，通过累积多个批次的梯度，可将一个大批次分割成多个迷你批次，从而降低每次计算的显存开销。

如前所述，训练时显存占用主要由模型参数、优化器状态、中间结果和临时存储构成。随着批次增大，更多样本的计算结果如激活需要在前向计算过程中存储，也就导致中间结果所需显存增加。可以认为，激活所占存储与批次大小成正比。

⊖   https://github.com/cybertronai/gradient-checkpointing，Saving memory using gradient-checkpointing。

为了突破显存的限制，还是采取分治的思想切分批次，有两种不同的实现方式：梯度累积或数据并行。

梯度累积是在同一 GPU 上串行计算多个迷你批次的结果，最后将它们的梯度累加并更新模型参数。具体来说，梯度累积修改了训练的最后一个步骤，原始实现是在每个批次计算完毕后都更新模型参数，梯度累积则是继续进行下一个批次，并将梯度累加，在多个批次执行完毕之后，将累加后的梯度一并更新模型参数。

如图 6-23 所示，假设全局批次有 128 个样本，将原本的一个批次分为 4 个迷你批次后，每个迷你批次含有 32 个样本，每个批次仅需要对 32 个样本进行梯度计算，对 4 个迷你批次计算完成后，将累积的 4 个梯度一并更新模型参数即可。

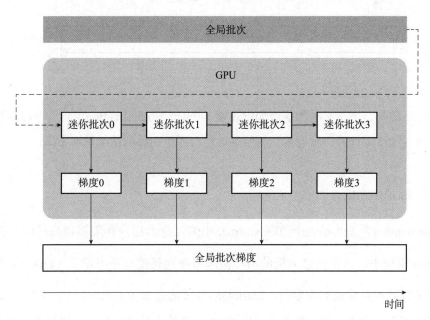

图 6-23　梯度累积示意

数据并行已在前文中提及，用多个 GPU 分别训练更小的批次，在每个迭代的末尾将梯度归约，更新模型参数。对比图 6-23 与图 6-24 可以发现，数据并行与梯度累积的主要区别在于切分的维度不同，数据并行按空间切分，将迷你批次放置于不同 GPU 上，而梯度累积按时间切分，将迷你批次分时计算。显然，数据并行可以加速训练，梯度累积会消耗更多的训练时间。但是数据并行与梯度累积可以结合使用，用多个 GPU 并进行梯度累积，更高效地训练大模型。

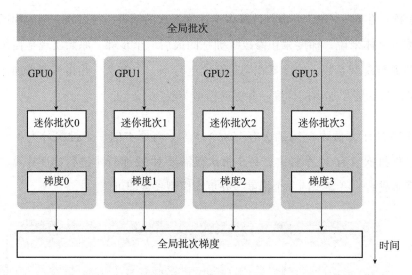

图 6-24   数据并行示意

值得注意的是，由于某些网络层如批正则（Batch Normalization）将会在迷你批次中计算而非在原始批次中计算，梯度累积的结果可能与原始训练的结果稍有不同。

6.5.4   FlashAttention

FlashAttention[93] 是专为处理 Transformer 中的注意力层内存限制而设计的。在原始的 Transformer 模型中，由于注意力层的内存需求与序列长度呈平方增长（$O(n^2)$）关系，大模型受到了计算和存储的双重制约。FlashAttention 通过减少 GPU 高带宽内存和 GPU 片上 SRAM 之间的内存读写次数，解决了 Transformer 在处理长序列时速度较慢和内存占用过高的问题。

如图 6-25 所示，从访问速度来看，GPU SRAM 优于 GPU 高带宽内存（High Bandwidth Memory，HBM），而 GPU HBM 又优于 CPU 内存。

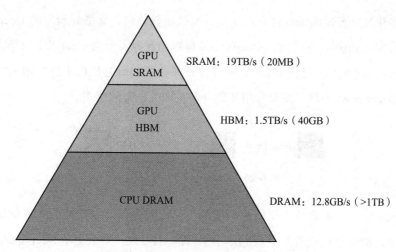

图 6-25 内存访问速度与大小层次示意

基于此观察，FlashAttention 通过将注意力矩阵分解为多个小块，将内存读写次数降至最低。具体来说，FlashAttention 将注意力矩阵分解为多个子矩阵，并将每个子矩阵存储在 GPU SRAM 中。这样，当计算注意力矩阵时，仅需要在 GPU HBM 和 GPU SRAM 之间进行少量的内存读写操作，从而大大减少了内存读写次数，提高了计算效率。与传统实现不同，FlashAttention 在前向传递期间避免存储大型注意力矩阵，而在反向传播期间在 SRAM 中重新计算（思路与梯度检查点类似），从而显著降低了内存占用，同时为长序列计算带来了显著的加速（2～4 倍）。

此外，FlashAttention 还具有 IO 感知能力，它可以根据不同的硬件配置和数据集特征，自动调整注意力矩阵的分解方式，以最大程度地减少内存读写次数。这使得 FlashAttention 可以在不同的硬件平台上实现高效的计算，并且具有更好的可移植性。该算法不仅实现了更快的 Transformer 训练，而且在模型性能上也优于现有的注意力方法。

6.6 分布式训练框架

前面几节介绍了分布式训练及内存优化的原理，实践中并不需要我们手动实现这些算法，已有许多开源分布式训练框将它们实现并封装成软件包，如微软研发的 DeepSpeed[⊖] 和英伟达研发的 Megatron[⊜]。特别地，DeepSpeed 最近还开源了专为 ChatGPT 风格大模型定制的版本 DeepSpeed Chat[⊜]（见图 6-26），可以让开源社区和研究机构更便捷地训练对齐大模型。本节以 DeepSpeed 为例，简要介绍开源分布式训练框架的使用。

图 6-26　DeepSpeed 训练框架

DeepSpeed 是一个非常易于使用的深度学习优化软件包。它支持分布式训练和推理庞大规模的模型，能够轻松地将其扩展到成千上万的 GPU 之上。此外，DeepSpeed 还提供了对低成本的模型压缩的支持，进一步提高了资源利用效率。该软件包已经成功应用于训练许多著名的大模型，例如拥有 530B 参数的 Megatron-Turing NLG 和 176B 参数的 BLOOM。值得一提的是，DeepSpeed 不仅仅限于独立使用，还与许多主流深度学习框架进行了紧密集成，如 Hugging Face 的 Transformers 和 Accelerate 软件包，使其在实际应用中具有更广泛的适用性。

DeepSpeed 已集成了前几节介绍的各种分布式训练和内存优化算法，如 3D 并行、混合精度训练和梯度累积等，仅需要修改配置文件即可应用。此外，DeepSpeed 还集成了零冗余优化器（Zero Redundancy Optimizer，ZeRO）^[94-96] 进一步优化显存和内存占用。具体来说，零冗余优化器将参数内存占用分成 3 类，分别对应 3 个阶段的优化。

- 阶段 1：优化器参数划分，每个节点仅更新自己分片的参数。
- 阶段 2：梯度划分，每个节点仅保留需要更新自己优化器状态对应的梯度。
- 阶段 3：模型参数划分，在前向和后向计算时将模型参数自动分配到不同节点。

值得一提的是，微软还开源了基于人类反馈机制强化学习的大模型训练工具 DeepSpeed

⊖　https://github.com/microsoft/DeepSpeed。

⊜　https://github.com/NVIDIA/Megatron-LM。

⊜　https://github.com/microsoft/DeepSpeed/tree/master/blogs/deepspeed-chat。

Chat，它支持端到端地训练一个类 ChatGPT 模型。因为 RLHF 的训练过程与预训练和微调差异较大，所以现有的训练框架都不能满足端到端训练的需求。DeepSpeed Chat 简化了模型的训练难度，仅需要一个脚本就可完成多步训练。DeepSpeed-RLHF 流水线复刻了 InstrutGPT 论文的训练方法，并尽力保证与原文方法的完整性和一致性。此外还提供了数据抽象和混合功能，以便使用多个数据源进行训练。DeepSpeed-RLHF 系统还将训练和推理结合成统一的混合引擎 DeepSpeed-HE。该引擎可以在 RLHF 过程中无缝切换推理和训练模式，同时利用 DeepSpeed 推理模块的各种优化加速训练。

6.7　小结

本章主要探讨大模型的分布式训练与内存优化。首先，我们介绍了大模型的扩展法则，即训练数据和计算量与模型规模之间的关系和扩展的规律，它是更大规模模型训练的重要指导法则。接着，我们详细介绍了分布式训练的几种并行策略，以及在大模型训练过程中可能出现的不稳定现象，并提出了相应的应对措施。我们还讨论了分布式训练集群架构，以及各种内存优化策略，以提高训练效率和节约资源。最后，我们介绍了常见的分布式训练框架。

第 7 章

大模型的垂直场景适配方案

通过在海量的多样化数据上进行预训练，大模型具备了通用知识储备和较为广泛的基础能力。但是，诸如教育、医疗和金融等垂直场景涉及大量的专业知识和特定的能力，在这些垂直场景中，通用大模型的表现往往不能达到预期地效果，甚至在应用少样本学习和提示学习后依然难以满足需求。因此，研究大模型如何有效地适配垂直场景具有非常重要的意义。目前，按照所需计算量由多到少，大模型在垂直场景下的适配方案可以分为如下3种：

- 基于垂直领域内的语料从零训练一个全新的大模型。研究表明，即使基于垂直场景语料训练的大模型的参数规模比通用语料训练的大模型小很多，它们在垂直场景的任务上的表现也可以超过通用大模型[97]。

- 对一个现有的大模型做全量参数微调（Full Fine-Tuning）。全量参数微调利用垂直场景的数据对现有的大模型进行继续训练并更新大模型中的所有参数。全量参数微调可以有效提高大模型在垂直场景中的效果。

- 引入一些参数量较少且可以训练的神经网络模块，通过对这些模块的训练来实现对大模型的微调，这一类技术被称为低参数量微调（Parameter-Efficient Fine-Tuning，PEFT）。低参数量微调可以使大模型高效适配各种垂直场景而无须微调大模型中的所有参数。由于仅微调少量的参数，低参数量微调大大降低了大模型在适配垂直场景过程中的计算成本。

本章将详细介绍上述方案的技术细节并讨论它们的优缺点。

7.1 从零开始训练新模型

垂直场景训练新模型指的是从零开始训练一个针对某个垂直领域的大模型。这种方法涉及的核心技术与第 3 章所述的预训练技术相同。垂直场景从零开始训练的大模型的参数规模往往在数十亿到数百亿之间，在垂直领域相关的效果评估中往往可以超过千亿规模的通用大模型，因此具有很好的领域针对性和较低的部署和使用成本。

与训练通用领域大模型相比，训练特定领域的大模型对训练数据的分布具有更为特殊的要求。针对垂直领域从零开始训练大模型的训练数据既需要包含垂直领域的文本，又需要包含一定量的通用文本数据，从而使大模型兼具垂直领域的特性和较好的通用能力。为了保证模型效果，需要针对垂直场景的数据和通用数据进行必要的去重和清洗，严格把控训练数据的质量。针对垂直场景训练一个新的大模型的典型例子是 BloombergGPT[97]，该模型是彭博社针对金融领域训练的一个大模型。在 BloombergGPT 训练数据中，金融相关的数据在整个训练数据中的占比为 51.27%。金融领域的数据集包括金融相关的新闻、金融相关的文件、从互联网上搜集的金融相关的文本以及从彭博社内部获取的金融资料。通用开源文本数据的占比约 48.73%，包括数据和维基百科等。

7.2 全量参数微调

在垂直领域数据上对大模型进行微调是一个多步骤的训练流程，主要包括继续预训练、监督微调和奖励模型微调 3 个步骤。这 3 个步骤并不全是必需的，有些研究人员仅仅使用继续预训练和监督微调，有些仅仅使用监督微调和奖励模型微调。由于上述各个步骤的目标不尽相同，因此需给每个阶段准备其对应的数据集，所需的数据要求如表 7-1 所示。

表 7-1　垂直领域数据集

训练阶段		数据特点	数据格式
继续预训练		大量 通用或领域文本	{text: xxx}
监督微调		少量 通用或领域指令	{"instruction": "text1", "input": "text2", "output": "text3"}
奖励模型微调	奖励模型	少量 领域数据	{"question": "text1", "response_chosen": "text2", "response_rejected": "text3"}
	强化学习	指令数据	{"instruction": "text1", "input": "text2"}

全量参数微调指的是用垂直领域的数据对某个预训练好的大模型进行继续训练，这个训练过程会更新大模型中的所有参数。全量参数微调相对于低参数量微调的优势主要体现在以下两方面：

- 尽管低参数量微调在某些情况下可以接近全量参数微调的效果，但在多种任务上的平均效果来看，全量参数微调的效果依然优于低参数量微调[98]。尤其在生成式任务上，全量参数微调的效果相对于低参数量微调仍具有很大的优势。
- 全量参数微调可以适用于继续预训练、指令微调和人工反馈微调这 3 个步骤，而低参数量微调方法一般仅用在指令微调和人工反馈微调阶段。

因此，在算力充足的情况下，全量参数微调依然是业界常用的垂直场景适配方案。需要注意的是，在全量参数微调中，除了垂直场景数据，通用数据在训练中也必不可少。这是由于仅在垂直领域的数据上微调大模型容易造成灾难性遗忘（Catastrophic Forgetting）现象，导致大模型丢失以前从通用场景学到的知识和能力，且灾难性遗忘在小规模的数据集上尤为明显。缓解灾难性遗忘的策略主要有如下几种：

- 优化训练数据的组成策略。例如，在度小满的轩辕模型[99]的微调中，为了缓解灾难性遗忘的问题，不再区分预训练阶段和监督微调阶段，而是将通用预训练数据、垂直领域预训练数据、通用指令数据、金融领域的指令数据合并为一个数据集进行微调。实践表明，采用上述方式，大模型可以准确地处理垂直领域的指令，同时保留一般的通用能力。

● 优化微调时的超参数配置。输出层的权重初始化和训练数据的顺序都会影响大模型，实际应用中可以考虑 Early Stopping 策略以及使用较小的学习率等。

7.3　低参数量微调

如前文所述，全量参数微调所耗费的计算资源是非常昂贵的。因此，保持大模型大部分模型参数不变而只对少量参数进行微调的方法变得越来越流行，这一类技术被统称为低参数量微调（Parameter-Efficient Fine-Tuning，PEFT）。低参数量微调通过更新大模型全部参数量的 1% 规模的参数，即可以逼近全量参数微调相近的效果[7]。除了节省计算资源外，由于低参数量微调保留了大模型绝大部分参数的原始数值，经过低参数量微调后的大模型保留了大模型在其他领域的泛化效果，可以快速适应新任务而不易出现灾难性遗忘的问题，并且通常在新的应用场景中表现出很好的效果。

低参数量微调仅更新少量参数就可以获得良好效果，这个现象基于如下的理论假设：大模型存在某种内在的低维参数，对它微调可以达到与全量参数微调一样的效果。研究表明，在微调小型的大模型的时候，低参数量微调中神经网络结构的设计较为重要，而在微调参数量较大的大模型的时候，低参数量微调中神经网络结构的影响会被弱化[98]。

本节将低参数量微调技术进一步细分为适配器方法、提示词微调、前缀微调和 LoRA（Low-Rank Adaptation，低秩适配器）四类，并对它们进行详细介绍。根据大量的实验结果，这些低参数量微调方法的效果从优到劣的排序为：LoRA、适配器方法、前缀微调、提示词微调[99]。

7.3.1　适配器方法

适配器（Adapter）指的是可以集成到大模型中的小型神经网络模块，这些神经网络模块中包含少量可训练的参数。适配器方法[100]首先固定大模型中的原始结构和参数，然后仅仅对适配器中的参数基于垂直场景的数据进行训练，最后通过大模型和适配器的配合来实现对垂直领域的适配。大模型原始的能力不会因适配器的引入而遭到大幅度的削弱，而适配器的引入使大模型获得了处理垂直场景任务的能力。

引入适配器首先需要对原始的大模型的 Transformer 结构进行一些改造。如图 7-1 的左图所示，每个 Transformer 包含两个子层，适配器方法会在每个子层的输出 h 的后面插入适配器。图 7-1 的右图展示了适配器的内部结构。为了降低低参数量微调过程中新引入的参数量，适配器方法首先用降维矩阵 $W_{\text{down}} \in \mathbb{R}^{d \times r}$ 将原始大模型网络中的 d 维表示 h 映射到较小的 r 维表示，然后应用非线性激活函数 $f(\cdot)$，最后使用升维矩阵 $W_{\text{up}} \in \mathbb{R}^{r \times d}$ 投影回 d 维表示。上述过程的数学表示如下：

$$h \leftarrow h + f(hW_{\text{down}})W_{\text{up}}$$

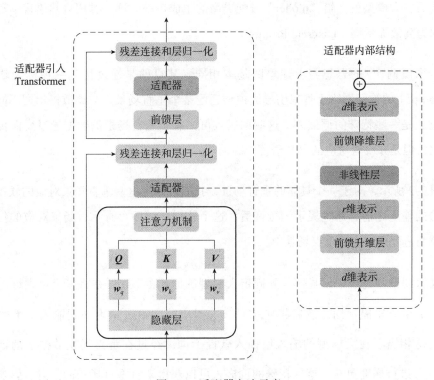

图 7-1　适配器方法示意

计算可得，适配器方法给 Transformer 每层添加的参数量为 $2rd + d + r$。瓶颈层的大小 r 提供了一种灵活调整效果与参数量的简单方法。通过灵活调整 r 的大小，我们可以限制适配器方法添加的参数量。

适配器方法的优点在于模块化和扩展性。由于原始的大模型的参数值没有变化，适配器方法在每个垂直场景的任务中只添加了少量可训练的参数，因此适配器方法的存储成本很低，可以很方便地支持多种场景的任务适配。适配器方法的主要缺点是显著增加了大模型中神经网络结构的层数，因而在推理阶段需要额外的计算，造成了一定程度的延迟。

7.3.2　提示词微调

提示词可以在不更改大模型参数的情况下影响大模型的生成结果。例如，如果我们希望大模型生成一个词（例如"model"），可以将其常见搭配作为提示词（例如"language"）添加到前面，大模型就会给"model"分配更高的生成概率。这一类用自然语言书写的提示词又被称为离散提示词（Discrete Prompt）。

提示词微调[101] 的思想与上述思路基本相同，其目的是通过优化一种称为软提示词（Soft Prompt）的神经网络组件来引导大模型适配某个垂直场景。与离散提示词不同，软提示词本质上是一些特殊的词嵌入，这些词嵌入可以基于垂直场景的数据通过反向传播算法进行优化，但是并没有对应的自然语言中的词汇。

如图 7-2 所示，对于一个具体的垂直场景，我们可以把这些垂直场景对应的软提示词附加到模型的输入之前，通过提示词微调后，这个软提示词即存有垂直场景对应的信息，可以将大模型适配到对应的垂直场景中。

在提示词微调过程中，我们首先固定大模型的原始参数 θ，并将多个可训练的特殊词元 $t_1, t_2, \cdots, t_n$ 组成软提示词，然后将 $\{t_1, t_2, \cdots, t_n\}$ 对应的向量表示附加到输入文本的向量表示之前，这相当于在大模型的输入层插入软提示词，经过在垂直场景数据上的训练，对 $\{t_1, t_2, \cdots, t_n\}$ 进行梯度更新，这些特殊的词嵌入可以获得来自垂直场景的信息。影响提示词微调效果的因素主要有两个。一个是软提示词的初始化策略。目前有多种方式可以用来初始化 $\{t_1, t_2, \cdots, t_n\}$ 对应的词嵌入。可以选择随机初始化这些词嵌入并从头开始训练，也可以将这些词嵌入初始化为词汇表某些词对应的词嵌入。需要注意的是，当大模型的参数规模较小时，不同的初始化策略之间存在较大差异。当大模型的参数规模较大时，这些差异并不明显。另一个是软提示词参数量的大小。一般来说，大模型的参数量越大，提示词微调所需的软提示词的长度越短，当软提示词的长度超过数十个单词的时候对效果的提升比较有限。

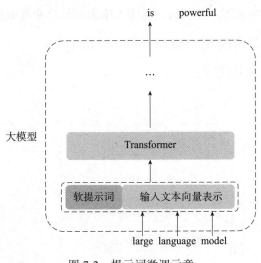

图 7-2　提示词微调示意

与适配器方法相比，提示词微调需要的训练参数量要少很多。提示词微调还可以视为一种有效地集成大模型在不同数据集上的知识和能力的方法。通过在同一任务上训练多个软提示词，我们为一个任务创建了多个独立的变种，同时仍然在整个过程中共享大模型的原始参数。

提示词微调的缺点在于较难训练，如果数据量和大模型参数规模较小，这种现象会更加明显。提示词微调在训练过程中的收敛速度也慢于全量参数微调和其他低参数量微调方法。由于软提示词挤占了下游任务的输入空间，在一定程度上会影响大模型的效果。提示词微调只有在预训练大模型的参数规模足够大时才能达到与全量参数微调相近的效果，而当大模型参数规模较小时效果较差。

7.3.3 前缀微调

前缀微调[102]在每一层的 Transformer 中都加入软提示词，这种方法对大模型的影响比提示词微调更加显著。

在 Transformer 的每一层上，前缀微调在将软提示词添加到多头注意力机制的 K 和 V 上，如图 7-3 所示。两组软提示词 P_k 和 P_v 与原始的 K 和 V 连接，然后对这些新的 K 和 V 执行多头注意力操作。经验表明，前缀微调对学习率和初始化非常敏感，直接更新 P_k 和 P_v 会导致优化不稳定，进而导致大模型性能略有下降。研究人员通过一个单独的大型前馈神经网络辅助进行 P_k 和 P_v 的训练和优化。

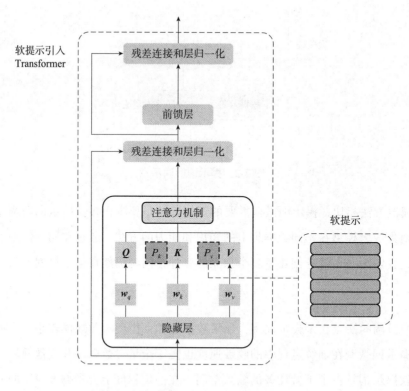

图 7-3　前缀微调中将软提示引入 Transformer

在前缀微调中，更长的软提示词会引入更多的可训练参数，因此具有更强的表达能力。

值得注意的是，随着软提示词的长度增加到某个阈值，前缀微调的效果逐步提高，超过该阈值后，前缀微调的效果略有下降。

虽然前缀微调和适配器方法都改变了每一层的 Transformer，但它们在 Transformer 中的位置并不相同：前缀微调通过在多头注意力机制中加入软提示来影响大模型，而适配器方法通过在多头注意力机制之后插入可训练模块来影响大模型。

7.3.4 LoRA

LoRA[103] 的主要假设是大模型依赖参数中的低秩信息发挥作用，当大模型在针对某一领域适配的时候，其参数的变化也具备低秩特性。LoRA 将可训练的低秩矩阵注入大模型来模拟垂直领域适配过程大模型参数的更新。

如图 7-4 所示，LoRA 的实现策略是在原始大模型的 Transformer 的多头注意力机制中的 Query 矩阵 W_q 和 Value 矩阵 W_v 并行增加一个旁路。假设这个旁路对应的大模型的原始权重矩阵为 $W_0 \in \mathbb{R}^{d \times k}$，这个旁路通过降维矩阵 $W_{\text{down}} \in \mathbb{R}^{d \times r}$ 和升维矩阵 $W_{\text{up}} \in \mathbb{R}^{r \times k}$ 来模拟参数更新的低秩特性：

$$W_0 + \Delta W = W_0 + W_{\text{down}} W_{\text{up}}$$

在 LoRA 中，$r \ll \min(d, k)$。全量参数微调可以被看作 LoRA 的特例，当 r 等于 k 时，两者是等价的。LoRA 在训练的时候固定大模型的原始参数，用随机高斯分布初始化 W_{down}，用零矩阵初始化 W_{up}，从而保证在微调的开始阶段，旁路矩阵依然是零矩阵。在微调的过程中，LoRA 只需要优化 W_{down} 与 W_{up} 中的参数。对于多头注意力机制的输入 x，LoRA 对输出 h 做了如下修改：

$$h \leftarrow h + s \cdot x W_{\text{down}} W_{\text{up}}$$

其中s是超参数。在 LoRA 中，即使r的取值较小也可以产生很好的效果，说明 LoRA 具有很好的存储和计算效率。然而，上述结论并不一定适用于所有垂直场景，如果某个垂直场景与用于预训练大模型的数据集差异很大，LoRA 的效果可能会不太理想。

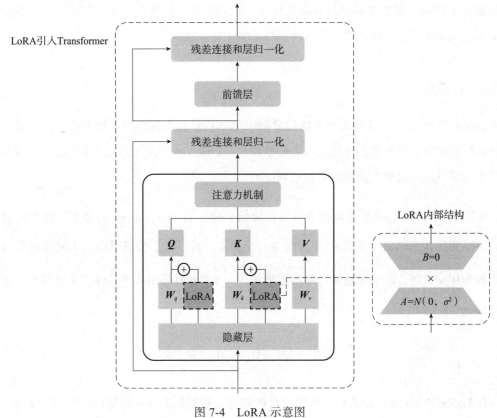

图 7-4　LoRA 示意图

与其他低参数量微调相比，LoRA 的优点在于没有额外的推理延迟。在部署经过 LoRA 处理后的大模型时，我们可以预先计算和存储$W = W_0 + W_{\mathrm{down}}W_{\mathrm{up}}$，即将 LoRA 的旁路参数直接合并到模型参数中，之后便可以与微调之前一样进行推理，推理过程不会引入任何额外的延迟。

除此之外，LoRA 技术在扩展大模型所能支持的上下文长度方面也具有很强的实用价值。将大模型从仅能支持短的上下文长度微调为可以支持长的上下文长度并不容易，在长上下文数据上进行微调，LoRA 和全量参数微调的效果存在很大的差距。为了解决这个问题，研究人员提出了 LongLoRA[104]，该方法可以在有限的计算资源下有效扩展大模型的上下文长度。LongLoRA 在 LoRA 基础上做了如下改进：一是对大模型的词嵌入层和 Transformer 的归一化层也进行训练；二是 LongLoRA 利用了转移短注意力（Shift Short Attention，S2-Attn）机制，该机制通过稀疏的局部注意力高效地对模型进行微调，在扩展上下文长度的同时节省了大量的计算量，并且具有与普通注意力微调相似的性能。

在 LoRA 的基础上，有一些研究者提出了 QLoRA[105]，该方法可以将高精度计算技术与低精度存储方法相结合，确保大模型具备高性能和准确性。QLoRA 使用一种新颖的高精度技术将预训练模型量化为 4bit，LoRA 组件的参数通过量化后的大模型参数梯度的反向传播进行调整。QLoRA 可以大幅减少微调过程中的内存消耗，同时保证微调后的模型具有很好的性能和推理效果。

7.4 超低参数量微调的探索

相比于全量参数微调，低参数量微调技术大幅减少了微调的计算和内存开销。然而，低参数量微调仍然需要对大模型的所有参数进行反向传播和梯度计算，考虑到在训练期间低参数量微调可能需要数千甚至更多次的迭代，这在计算资源的消耗上依然是非常昂贵的。

垂类场景适配的一个前沿研究方向是探索进一步降低垂直领域适配的计算成本。例如，研究者提出了一种名为超微调（Hyper Tuning）[106] 的技术，该方法通过超模型（Hyper Model）来生成低参数量微调技术中的神经网络模块的参数，避免大模型在垂直领域适配过程中的反向传播计算，从而显著降低计算成本。具体来说，超模型可以从一些描述垂直场景任务的文本（例如指令、少样本示例）中提取一些与任务相关的知识，生成与该任务对应的低参数量微调方法的参数，进而利用这些参数使大模型适配垂直场景，而无须对整个大模型进行反向传播计算。

如图 7-5 所示，超微调与低参数量微调方法有着本质的区别。低参数量微调方法使用反向传播和梯度下降算法来更新少量参数 ϕ。而在超微调中，超模型为大模型生成微调参数

ϕ。超模型利用少量样本示例来训练并生成 ϕ，在训练期间仅更新超模型的参数。在大模型推理时，参数 ϕ 只需生成一次，之后只需存储 ϕ 即可。实验表明，大模型可以仅使用少量示例进行超微调。因为目前的超模型只能将少量示例作为输入，其效果尚无法与低参数量微调相提并论。尽管如此，超微调在更低成本的垂直场景适配的研究上做出了有益的探索。

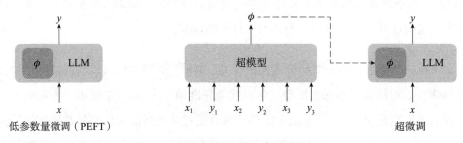

图 7-5   低参数量微调与超微调的对比

7.5   小结

本章深入探讨了大模型在垂直场景应用中的多种方法。首先，我们讨论了从零训练新模型的方法，但该方案的应用成本较高。接着，我们介绍了全量参数微调的方法，基于预训练模型，使用垂直领域的数据进行微调，以使模型更好地适应目标任务。随后，我们具体介绍了低参数量微调和超低参数量微调的策略，如适配器方法、提示词微调和 LoRA 等方案，并介绍了它们之间的区别。通过阅读本章，读者将深入了解大模型在不同场景下由通用到垂直的性能优化方案。

CHAPTER 8

第 8 章

知识融合与工具使用

大模型通常需要处理多种复杂任务，而仅从内化的隐式知识库获取信息显得捉襟见肘。外部工具可以针对不同任务类型，让大模型与外部世界进行灵活的交互。特别是在模型没有足够先验知识的情况下，可以提供额外的信息，帮助大模型完成知识类的任务。同时，工具使用也有助于提升模型的性能和鲁棒性，减少模型的幻想。

大模型融合外部知识一般有两种方案：解码器融合和提示融合。在大模型出现之前多采用解码器融合的方案，而在大模型拥有更强的提示学习能力之后，主流方案变为提示融合。

本章首先深入探讨了检索增强生成的核心概念，并对解码器融合和提示融合方法的原理进行了详细解析。接着，我们全面介绍了大模型在工具使用方面采取的多种创新方法。具体而言，WebGPT 通过整合搜索 API 成功提升了回复的事实准确度；LaMDA 则采用了模仿人类先研究后回答的思路，通过多次迭代不断改进生成结果；而 Toolformer 专注于通用的工具使用方案，通过基于已有数据集扩展训练数据集的方式，使大模型能够巧妙地运用各种工具以增强回复效果。最后，我们介绍了自主智能体（Autonomous Agent）的概念及其工作原理。

8.1　知识融合

开放域问答常常需要借助外部知识生成更有信息量和更准确的答复。当检索出相关知识后，如何将它们融入大模型的输出是一个开放式问题。直观来看，我们既可以将问题与外部知识编码后的嵌入层作为输入，又可以将问题与外部知识通过某种提示拼接在一起作为输入。在大模型技术出现之前，前者是一种主流知识融合方案。而在大模型技术普及之后，得益于它强大的泛化能力和语言理解能力，后者逐渐成为广泛使用的方法。

8.1.1　检索增强生成

检索增强生成（Retrieval Augmented Generation，RAG）[107] 是一种帮助大模型融合外部知识的技术。检索增强生成的核心思想在于利用信息检索技术，基于用户的查询从外部语料库中召回一些相关文本片段，进而结合大模型生成自然文本，从而显著提升生成结果的相关性和可靠性。RAG 技术具备如下显著优点：

- 避免微调大模型的高成本。与直接修改大模型的参数相比，RAG 无须对大模型的参数进行更新，从而规避了微调大模型所需的昂贵成本，能够高效、廉价地适配到不同的应用场景。

- 增强了生成结果的实时性和专业性。通过检索语料库，RAG 能够提供更为实时或者与某个领域更为相关的数据，生成的结果可以更及时和精准地反映当前信息，从而增强了其在应用中的效果。

- 提高了生成结果的可靠性。RAG 为生成的内容提供了参考来源，有助于降低大模型中的幻想现象。当生成结果不准确时，使用者可以快速追溯到检索的文本片段并纠正包含错误信息的文档。

如图 8-1 所示，RAG 主要包含 4 个组件：索引器（Indexer）、检索器（Retriever）、重排器（Re-Ranker）与生成器（Generator）。索引器的主要作用是在语料库上构建索引。索引器首先将各种格式的文档统一成某种格式，然后将文档分解成一定长度的文本片段，并在这些文本片段上构建索引。目前，大部分 RAG 系统主要依赖基于向量的索引，其技术原理是将文档和查询都处理为向量表示，然后通过计算向量表示的相似度来判断是否相关。由于向量搜索在某些低频词或者相似词上的效果不甚理想，一些研究者提出了混合搜索（Hybrid Search）的方法来提高相关文档的召回率。在混合搜索中，索引器会同时构建倒排索引（Inverted Index）和基于向量的索引，而检索器会利用这两种索引召回相关的文档。

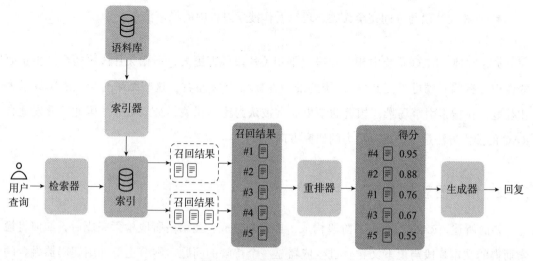

图 8-1　RAG 的工作流程

当用户提出查询（Query）时，检索器会利用混合搜索技术召回相关的文本片段，混合搜索兼顾了关键词匹配的精准性和语义上的扩展性。由于混合搜索召回的文本片段较多，有些 RAG 系统还会使用重排器筛选出与查询最相关的一些片段。重排器一般通过更多的文本特征和更强大的机器学习模型来更加精确地计算召回的文档片段与用户查询的相关程度，然后按相关性从高到低对文档片段进行排序，最后将最相关的一些文档片段传递给生成器使用。生成器利用大模型将检索到的文本和查询生成回复并呈现给用户。需要注意的是，RAG 系统中的各个组件可以利用垂直领域的语料进行学习和优化，改进其使用效果。

RAG 中的检索器和重排器中的技术与搜索引擎有很深的渊源，可以看作对搜索引擎技术的复用。然而，最近的一些研究表明，利用搜索引擎技术的评判标准来打造 RAG 中的检索器和重排器可能并不是最优的方案[108]。研究者将召回和重排后的文档片段细分为 3 种类型：相关、相近和不相关。

- 相关片段包含与查询直接相关的信息，可提供准确的回复或答案。
- 相近片段虽然不直接回答查询，但在语义或上下文上链接到该主题。例如，如果有人询问爱迪生发明电灯的年份，一份包含爱迪生发明留声机的年份文档片段虽然不包含正确的信息，但会高度相近。
- 不相关片段与查询完全无关，可以看作搜索过程中的噪声信息。

研究发现，RAG 系统中相近片段比不相关片段危害更大，不相关片段可能会产生正面的作用，有些时候可以使 RAG 系统的准确性提高 35% 左右。这些结果与搜索引擎场景大相径庭。在搜索引擎场景，相近的结果通常被认为比不相关的结果更好。因此，开发适合 RAG 的搜索方法是一个很有潜力的研究方向。

8.1.2　解码器融合

如前所述，RAG 主要由两阶段构成：检索和生成。当第一阶段检索完成后，如何将检索而得的文本片段与上下文融合进生成器是一个待解的问题。本节主要介绍解码器融合的方式及其原理。

解码器融合（Fusion-in-Decoder，FiD）是解决检索片段与上下文融合问题的一个简单有效的方案[109]。如图 8-2 所示，FiD 的模型结构简单、直观，输入是问题和检索回来的 N 个片段，先将每个片段和问题拼接起来，通过编码器得到 N 个嵌入向量，然后将它们再拼接

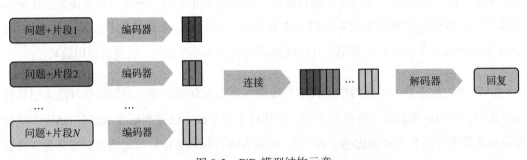

图 8-2　FiD 模型结构示意

在一起，输入解码器，得到最终的回复。因为这些片段实际上是在解码器中混合的，顾名思义，叫作解码器融合。

举例说明 FiD 的工作流程。对于问题"故宫是哪年建成的？"，首先通过 RAG 第一阶段的检索，如 BM25 算法或深度文章检索（Deep Passage Retrieval, DPR）[110]，获取 3 条相关知识：

> • 故宫在公元 1420 年正式落成，500 余年内，明、清两代合计 24 位皇帝曾经居住于此。
> • 故宫是在南京紫禁城蓝图的基础上修建的，于永乐十八年（1420 年）建成。
> • 北京故宫于公元 1406 年开始建设，至 1420 年正式完工。

那么，FiD 模型的输入为：

> • "故宫是哪年建成的？ <SEP> 故宫在公元 1420 年正式落成，500 余年内，明、清两代合计 24 位皇帝曾经居住于此。"
> • "故宫是哪年建成的？ <SEP> 故宫是在南京紫禁城蓝图的基础上修建的，于永乐十八年（1420 年）建成。"
> • "故宫是哪年建成的？ <SEP> 北京故宫于公元 1406 年开始建设，至 1420 年正式完工。"

之后，经过编码器编码后的 3 条句子向量依次连接之后（参考图 8-2），输入解码器进行融合，并生成最终的回复。

实验基于 T5 预训练模型，在各下游数据集上微调得到最终模型。FiD 的融合方式虽然看上去简单，但效果不错，在 TriviaQA 和 NaturalQuestions 数据集上都超过了之前最优的指标。此外，实验还证明 FiD 具有不错的扩展性，生成时加入的检索片段越多，生成结果的效果越好。如图 8-3 所示，当输入解码器的文本片段由 10 增加到 100 时，TriviaQA 数据集上的精确匹配指标提升了 6%，NaturalQuestions 数据集上的精确匹配指标提升了 3.5%。

作为一种经典的知识融合方案，虽然 FiD 的性能不错，但它也有一定的局限性，随着检索片段的不断增多，拼接后解码器的输入很长，训练和推理成本也随之显著增加。

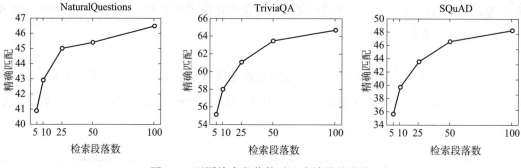

图 8-3   不同检索段落数对生成效果的影响

8.1.3   提示融合

随着大模型上下文和零样本能力的增强，知识融合变得更加容易。不需要更改模型结构，仅需构造适当的提示词模板就可以很好地利用外部知识。比如，下面的提示模板就能够让大模型参考外部知识生成回复：

> 请参照下面的参考知识精准回答如下问题：{ 问题 }
>
> 参考知识：
>
> { 知识 1 }
>
> { 知识 2 }
>
> { 知识 3 }

对于 8.1.2 节的问题"故宫是哪年建成的？"，提示融合的工作方式如图 8-4 所示。通过 RAG 第一阶段检索到相关知识后，可对上述提示模板填槽得到大模型的输入：

> 请参照下面的参考知识精准回答如下问题：故宫是哪年建成的?
>
> 参考知识：
>
> 故宫在公元 1420 年正式落成，500 余年内，明、清两代合计 24 位皇帝曾经居住于此。
>
> 故宫是在南京紫禁城蓝图的基础上修建的，于永乐十八年（1420 年）建成。
>
> 北京故宫于公元 1406 年开始建设，至 1420 年正式完工。

然后大模型即可参考这些外部知识给出回复"故宫于公元 1420 年建成。"

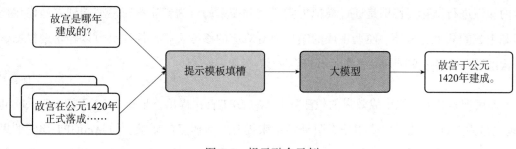

图 8-4　提示融合示例

8.2　工具使用

大模型虽然能完成一些复杂任务，但不能直接完成基本的算术操作或搜索相关知识等功能，幻想问题的存在也限制了大模型的应用场景。最直接的做法是让大模型使用计算器和搜索 API 工具完成这些功能，并将结果融合成回复。但让大模型学习使用外部工具需要大量人工标注数据，因此，后续工作应致力于使用一种通用方案让大模型可以擅用外部工具。

OpenAI 提供了插件功能，用于扩展和增强 ChatGPT 的功能，为用户提供更广泛、更个性化的应用体验。通过整合插件，用户可以根据特定需求轻松执行各种任务，拓展 ChatGPT 的实用性。这些插件功能涵盖翻译、学术查询、社交媒体互动、编程辅助等功能，丰富了 ChatGPT 的应用场景，使其更具交互性、实用性和创造性，并提供了个性化的用户体验。

8.2.1　WebGPT

WebGPT[111] 是 OpenAI 在 2021 年底发布的基于 GPT-3 并使用 Web 搜索 API 提升长问答效果的方案。在开放域问答领域，生成一段较长而有信息量的回答是一件很有挑战的事情，人们往往通过高质量的回答形成对世界的认知，只不过在 WebGPT 之前，生成式回答的质量远不如真人回答。

WebGPT 实际上是一种检索增强生成，只不过检索的方式是使用搜索引擎（微软的 Bing API）。WebGPT 构建了一个基于文本的 Web 浏览界面，从而使语言模型可以与外部搜索的知识进行交互。特别是通过模拟人类研究和搜索的行为，让语言模型端到端地优化检索和生成的效果。另外，模型生成的结果都有对应的参考文献，标注员可以轻松地根据这些检索得到的参考文献判断答案是否符合事实。

使用搜索结果增强生成效果的想法并非 WebGPT 首次提出，早在 2021 年初，Facebook（现更名为 Meta）就提出使用搜索引擎结果来提升对话回复的质量。但 WebGPT 比它的思路更进一步，令语言模型完全模拟了人类使用搜索引擎的方法（如搜索、点击、翻页、回退等行为），而非仅生成搜索问题并使用其结果。这种思想的产生也得益于研究者发现语言模型可以完成的任务并不仅仅局限于下一个词汇的预测。

RAG 和 REALM[112] 等的工作主要专注于提升检索结果的准确性，而 WebGPT 巧妙地使用更为强大的搜索引擎来解决此问题，同时更专注于让语言模型模拟人类的方式回答问题。语言模型通过提示的方式接收当前环境状态的摘要描述并给出恰当的回复。它与 Web 的交互主要通过基于文本的浏览环境完成，模型输入是一段提示，包含问题、当前位置的文本、过去的行为、标题等信息。下面是一段模型输入的样例提示：

```
[Question]
How can I train the crows in my neighborhood to bring me gifts?
[Quotes]
From Gifts From Crows | Outside My Window (www.birdsoutsidemywindow.org)
> Many animals give gifts to members of their own species but crows and
other corvids are the only ones known to give gifts to humans.
[Past action]
Search how to train crows to bring you gifts
Click Gifts From Crows | Outside My Window www.birdsoutsidemywindow.org
Quote
Back
[Title]
Search results for: how to train crows to bring you gifts
[Scrollbar: 0 - 11]
```

```
[Text]

【0†How to Make Friends With Crows - PetHelpful†pethelpful.com】

If you did this a few times, your crows would learn your new place, but

as I said, I'm not sure if they will follow or visit you there since it's

probably not in their territory. The other option is simply to make new

crow friends with the crows that live in your new neighborhood.

【1†Gifts From Crows | Outside My Window†www.birdsoutsidemywindow.org】

The partial piece of apple may have been left behind when the crow was

startled rather than as a gift. If the crows bring bright objects you'll

know for sure that it's a gift because it's not something they eat.

Brandi Williams says: May 28, 2020 at 7:19 am.

[Actions left]: 96

[Next action]
```

作为回复，表 8-1 列举了模型输出的命令和行为列表。

表 8-1　WebGPT 的命令和行为列表

命令	行为
Search <query>	发送"<query>"到 Bing API 并返回搜索结果页
Clicked on link <link ID>	单击链接进入新页面
Find in page: <text>	找到下一个"<text>"并滚动到该位置
Quote: <text>	如果当前页有"<text>"文本，则将其加入参考文献
Scrolled down <1, 2, 3>	向下滚动一些
Scrolled up <1, 2, 3>	向上滚动一些
Top	返回页首
Back	后退到上一页
End: Answer	结束浏览并进入回答阶段
End:<Nonsense, Controversial>	结束浏览并跳过回答

由表 8-1 可见，模型的下一步行为可以是搜索、单击某个链接进入新的页面、在页面中

查找文本、引用一段文本、上翻或下翻页面、回到顶部或生成答案。注意"Quote"这个行为，当模型使用它时，会将标题、领域等信息放进上下文作为后续的模型输入。表 8-1 中的行为集合可以完整地模拟人类"先搜索后回答"的方式，且这些行为都通过语言模型进行建模，这也是 WebGPT 的精巧之处。

与人类回答问题一样，在找到最终答案之前需要反复研究。WebGPT 的方式是重复上述过程，直到模型输出"结束"，或超过最大迭代轮数，或达到参考文献最大长度时，进入答案生成阶段，生成最终回复。因此，这个过程不会无限循环下去，会在有限步数内完成。

WebGPT 的核心思想也是从人类反馈数据中学习。训练数据的问题主要从开放域长问答数据集 ELI5 中选择。训练数据分为两部分：演示（Demonstration）数据和比较（Comparison）数据。其中，前者采集的是真人使用搜索引擎回答问题的数据，后者是对同一问题模型生成的多个回复，并标注最优回答。两种数据的采集与前文 InstructGPT 所述的方案一致。值得一提的是，对所有采集的训练数据都要求应该是相关、有条理且有可信参考文献支持。为保证数据采集的质量，还要求标注者都受过高等教育，一般来说是本科以上学历。此外，标注薪酬按小时计费而非按任务完成量计费，标注时还有一段试用期，通过研究员与标注者标注结果的差异及标注者之间的标注差异来评估标注者是否符合要求。

WebGPT 的训练主要基于 GPT-3 预训练模型的 3 个版本：760M、13B 和 175B。训练方法如下：

1）行为克隆（Behavior Cloning，BC）：用演示数据，以真人输出的指令为目标微调模型。

2）奖励建模：基于行为克隆模型，将最后的非嵌入层去掉，以问题、答案、参考文献为输入，标量为输出，训练奖励模型。

3）强化学习：使用近端策略优化算法，微调行为克隆模型。

4）拒绝采样（Rejection Sampling）：从行为克隆或强化学习模型中采样固定数目的答案，取奖励模型打分最高的一个作为优化奖励模型的替代选项（使用 best-of-n 算法）。

可见，训练的前三步与 InstructGPT 基本一致，主要区别在于第一步行为克隆模型的训练与监督微调模型所用的训练数据不同，模型输出也不同。行为克隆模型、奖励模型和强化学习模型三个模型使用的训练数据正交。

WebGPT 在 ELI5 数据集上的结果如图 8-5 所示，在有用性维度，175B best-of-64 模型的结果比人类撰写的结果更好的比例超过了一半（56%）。

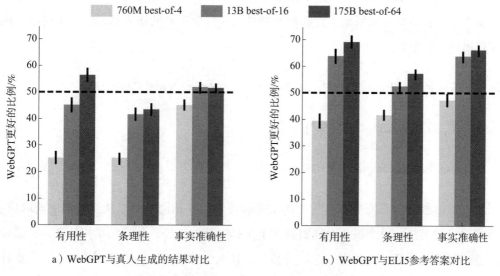

图 8-5　WebGPT 在 ELI5 数据集上的结果

考虑到大模型常常会出现幻想问题，文本生成任务中的错误可以分成两类：

- 模仿谬误（Imitative Falsehood）：与训练目标一致而产生的谬误，如一些常见的概念错误。
- 非模仿谬误（Non-imitative Falsehood）：模型未能很好地达成训练目标，包括大部分幻想的情况，即看上去好像很合理，但却是错误的事实。

TruthfulQA[113] 是一个衡量语言模型生成问题答案是否真实可信的数据集。从 TruthfulQA 的结果来看，相比于 GPT-3，WebGPT 可以减少模仿谬误，原因在于 WebGPT 有可靠的参考信息源，之前许多工作也证实了参考文献可以有效降低模型幻想的问题。

WebGPT 提供了一种让语言模型使用搜索引擎增强回复效果的方案。

8.2.2　LaMDA

针对大模型的幻想问题，LaMDA[61] 提出了一种让语言模型与世界交互并迭代改进生成结果的方案。与 WebGPT 一样，让语言模型能与外部世界交互需要通过某种媒介，LaMDA 使用的媒介就是一套工具集。也就是说，LaMDA 比 WebGPT 使用的工具更加多样。工具集包括 3 部分：信息检索系统、计算器和翻译器。每个工具的输入都是一个字符串，输出是字符串列表。比如：

信息检索系统："How old is Rafael Nadal?" -> ["Rafael Nadal / Age / 35"]

计算器："135+7721" -> ["7856"]

翻译器："hello in French" -> ["Bonjour"]

其中，信息检索系统本质上与 WebGPT 的搜索 API 相同，可以从互联网中获取信息，并返回对应的链接。每个输入会同时在 3 个工具上获取结果，并将结果按计算器、翻译器和信息检索系统的顺序连接在一起。若某个工具无法解析输入，则输出空列表，比如计算器不能处理"牛顿出生在哪年？"这样的问题。

先考虑真人问答的思维过程：给定一个问题，比如"拉菲尔·纳达尔多少岁？"，如果被问者知道他的年龄，那么直接回答即可；如果不知道，则需要借助搜索引擎找到答案，然后组织语言进行回答。LaMDA 通过两个微调任务模拟上述过程。

第一个任务通过 LaMDA-Base 模型完成，输入是多轮对话的上下文，输出是一个初步答案。第二个任务由 LaMDA-Research 模型完成，输入是工具集的输出及对话上下文，输出可能是需要进一步使用工具集研究的查询语句（以"TS"前缀开始），也可能是给用户的最终回复（以"User"前缀开始）。若输出是前者，则后面跟着的文本是经过改进的新一轮查询语句，需要通过 LaMDA-Research 模型继续改进回复。要么迭代过程达到 4 轮，要么模型给出"User"前缀的答案表示最终答案已经生成。

图 8-6 举例说明 LaMDA 是如何融合外部知识的。对于问题 "When was the Eiffel Tower built?"（"埃菲尔铁塔是何时修建的？"），LaMDA-Base 模型先给出初步回复："It

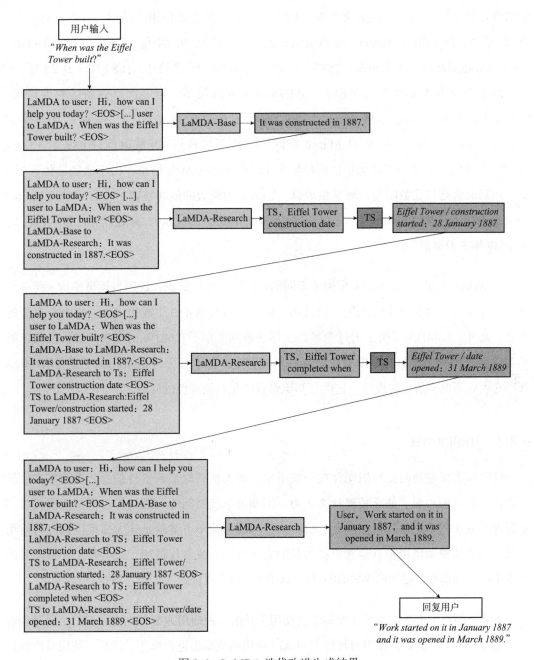

图 8-6 LaMDA 迭代改进生成结果

was constructed in 1887."（"它于 1887 年修建"）。然后将对话的上下文与初步回复输入 LaMDA-Research 模型，生成文本 "TS, Eiffel Tower construction date"（"TS，埃菲尔铁塔的修建日期"）。由于生成的文本以 "TS" 开始，因此需要使用工具集与外部世界交互，查询语句是 "Eiffel Tower construction date"，工具集的输出是 "Eiffel Tower / construction started: 28 January 1887"（"埃菲尔铁塔 / 修建始于：1887 年 1 月 28 日"）。将对话上下文与上述结果再次输入 LaMDA-Research 模型，再一次得到新的查询语句："TS, Eiffel Tower completed when"（"TS，埃菲尔铁塔何时完成"），得到工具集输出 "Eiffel Tower / date opened: 31 March 1889"（"埃菲尔铁塔 / 开放时间：1889 年 3 月 31 日"）。将对话上下文与工具集输出继续输入 LaMDA-Research 模型，由于已经迭代到第 4 轮，达到最大迭代轮数限制，模型生成以 "User" 为前缀的最终答案："User, Work started on it in January 1887, and it was opened in March 1889."（"User，修建始于 1887 年 1 月，于 1889 年 3 月开放"）

与 WebGPT 相比，LaMDA 采用了不同的思路融合外部知识：让语言模型模仿人类先研究后回答的方法对答案不断改进。通过语言模型的自我修正，生成更丰富、更有信息量的答案。此外，LaMDA 证明了通过少量人工标注数据（小于 0.001% 的预训练数据规模）对模型进行微调就能大幅提升模型的回复质量和安全性。不过无论是 WebGPT 还是 LaMDA 都存在生成不准确信息的情况，这也是知识融合中最具挑战性的问题之一。

8.2.3　Toolformer

仅使用大模型的内化知识库存在一些不足，如无法获取最新事件信息、虚构事实、低资源语言理解能力弱、缺乏精确计算能力、不知道系统时间等。通过扩大模型规模可以一定程度上减少但不能根除这些问题。解决这些问题的简单方案就是让大模型可以自行使用工具，但训练模型使用工具常常依赖大量的人工标注，或者仅适用于某些特定任务，其通用性不足。如前两节提到的 WebGPT 和 LaMDA，都需要依赖人工标注数据。

本节介绍基于上下文学习让模型学会使用工具的一种通用方案 Toolformer[114]。通过少量人工编写的示例，让语言模型对可能需要 API 调用的数据集进行标注。然后，使用自监督损失函数过滤有效的数据。最后，用这些数据微调模型，提升模型的工具使用能力和性能。

工具本身可以抽象为 API 调用，对该 API 的要求是它的输入输出都可被表示为文本序列，从而可以与大模型进行融合。为了让大模型学会使用工具，还需要构建一个模型使用工具的数据集。主要想法是在已有数据样例中找到需要使用外部工具的内容，将该样例扩展成调用工具的形式。下面是使用问答系统、计算器、翻译系统和维基百科搜索的示例：

> The New England Journal of Medicine is a registered trademark of [QA("Who is the publisher of The New England Journal of Medicine?") → Massachusetts Medical Society] the MMS.
>
> Out of 1400 participants, 400 (or [Calculator(400 / 1400) → 0.29] 29%) passed the test.
>
> The name derives from "la tortuga", the Spanish word for [MT("tortuga") → turtle] turtle.
>
> The Brown Act is California's law [WikiSearch("Brown Act") → The Ralph M. Brown Act is an act of the California State Legislature that guarantees the public's right to attend and participate in meetings of local legislative bodies.] that requires legislative bodies, like city councils, to hold their meetings open to the public.

下面详细介绍基于已有数据集扩展为工具使用数据集的方案。如图 8-7 所示，扩展数据集的主要思路如下：给定输入文本 x，先采样一个位置 i 和 k 个 API 调用的候选 $c_i^1, c_i^2 ..., c_i^k$，然后执行这些 API 调用并按规则过滤，留下加上 API 调用结果后让语言模型损失更小的样例，构成新数据集。

图 8-7　扩展数据集的关键步骤

1. 采样 API 调用位置

具体来说，每个 API 调用表示为一个元组 $c = (a_c, i_c)$，其中 a_c 是 API 名称，i_c 是 API 的输入。API 调用 c 的返回值记为 r，则带有返回值和不带返回值的 API 调用可分别表示为：

$$e(c) = <\text{API} > a_c(i_c) </\text{API}>$$

$$e(c,r) = <\text{API} > a_c(i_c) \rightarrow r </\text{API}>$$

其中，$<\text{API}>$、$</\text{API}>$、$\rightarrow$ 为特殊标记符，分别代表调用的起始符、终止符和结果分隔符。

给定语言模型 M，对每个 API 写一个辅助生成 API 调用格式的提示词 $P(x)$ 用于扩展数据样例 $x = x_1, x_2 \cdots, x_n$，其中 x_i 代表样例中的词元。对所有可能的采样位置 $i \in 1, 2 \cdots, n$，计算在该位置生成特殊字符 "$<\text{API}>$" 的语言模型概率：

$$p_i = p_M \left(<\text{API} > | P(x), x_{1:i-1} \right)$$

将这些概率从大到小排序，仅保留大于采样阈值 τ_s 的前 k 个位置。此采样方法的目的是筛选出最需要使用 API 调用的位置。

提示词 $P(x)$ 由一段自然语言描述和一些手工编撰的样例构成，便于语言模型理解并生成扩展后的数据样本。所用提示词的样例模板如下：

```
    Your task is to add calls to a Question Answering API to apiece of text. The
questions should help you get information required to complete the text. You can
call the API by writing "[QA(question)]" where "question" is the question you want
to ask. Here are some examples of API calls:
    Input: Joe Biden was born in Scranton, Pennsylvania.
    Output: Joe Biden was born in [QA("Where was Joe Biden born?")] Scranton, [QA("In
which state is Scranton?")] Pennsylvania.
```

```
Input: Coca-Cola, or Coke, is a carbonated soft drink manufactured by the Coca-
Cola Company.
Output: Coca-Cola, or [QA("What other name is Coca-Cola known by?")] Coke, is
a carbonated soft drink manufactured by [QA("Who manufactures Coca-Cola?")] the
Coca-Cola Company.
Input: x
Output:
```

对每个采样后的位置，以 "$P(x), x_1, \cdots, x_n, <API>$" 作为输入前缀，以 "$</API>$" 作为输出终止符，获取最多 m 个 API 调用：$c_i^1, c_i^2 \cdots, c_i^m$。若模型未输出终止符 "$</API>$"，则丢弃该样本。

2. 执行并过滤 API 调用

之后则执行由模型 M 生成的所有 API 调用，并获取相应的结果。如何执行取决于 API 本身的定义。执行可能涉及调用另一个神经网络，执行 Python 脚本或使用检索系统来搜索大型语料库等。每个 API 调用 c_i 的返回值是一个对应的文本序列 r_i。

下面要回答一个关键问题：扩展而得的 API 调用是否必要？因此，进一步过滤这些生成的样本就非常重要。采用的过滤标准也很直观：与不用 API 或用了 API 但不包含其结果相比，是否更有利于语言模型生成之后的文本？为了实现此想法，首先引入对词元 $x_i, \cdots, x_n$ 按位置计算的加权交叉熵损失，其中 z 是模型输入前缀，w_i 是给定的不同位置的权重：

$$L_i(z) = -\sum_{j=i}^{n} w_{j-i} \cdot \log p_M\left(x_j | z, x_{1:j-1}\right)$$

定义两种情况的损失计算方法如下：

- 不用 API：$L_i^+ = L_i\left(e(c_i, r_i)\right)$。

- 用了 API 但不包含其结果：$L_i^- = \min\left(L_i(\epsilon), L_i\left(e(c_i, \epsilon)\right)\right)$。其中，$\epsilon$ 表示空文本序列。

过滤条件定义为：

$$L_i^- - L_i^+ \geqslant \tau_f$$

即加上 API 调用与结果之后，语言模型的损失至少降低了 τ_f。此条件说明该样本有助于语言模型生成更好的结果，可以留下该样本。

3. 微调模型及推理

经过上述采样后，可以构造出新的数据集。数据集中的样本由 $x = x_1, \cdots, x_n$ 变为 $x = x_{1:i-1}, e(c_i, r_i), x_{i:n}$，然后使用标准的语言模型训练目标在新数据集上微调即可。在推理阶段，采用常规解码策略，直到模型生成"→"词元，表示它接下来需要 API 调用的结果。此时中断解码过程，调用 API 获得结果，并将其插入 API 调用终止符"</API>"后继续解码过程。

Toolformer 尝试使用不同类型的工具来解决大模型的短板。工具可被使用需要满足两个条件：第一，工具的输入输出都可以表示为文本序列；第二，能针对工具写出少量示例用法。Toolformer 实现了如下 5 个工具：问答系统、维基百科搜索引擎、计算器、日历和机器翻译系统。这些工具可以用来帮助模型更好地回答事实性问题，进行数值计算，完成时间相关的任务和多语言支持。

为验证方案的有效性，在多个下游任务上测试 Toolformer 在零样本条件下是否有性能提升，同时也要确保语言模型本身的能力没有损失。实验采用 GPT-J 模型，在 CCNet 数据集的子集上进行数据集扩展。

在 LAMA 平台的 3 个数据集上的结果如表 8-2 所示，实验任务内容是补全一些短句中缺失的事实。对任务的评估标准是检查正确答案是否包含开始预测的前 5 个词。其中 GPT-J 是未经微调的原始模型，GPT-J+CC 是在原始 CCNet 数据集上微调过的模型，Toolformer 是在扩展后的数据集上微调而得的模型，Toolformer（disabled）是与 Toolformer 同样的模型，但在推理阶段不进行 API 调用。由表 8-2 易得，所有未使用工具的 GPT-J 模型性能都相似。Toolformer 明显优于这些基线模型，分别比最佳基线模型提高了 11.7%、5.2% 和 18.6%。

尽管 OPT（66B）和 GPT-3（175B）这两个模型更大，Toolformer 还是超越了它们。原因在于几乎所有情况下（98.1%），模型都使用了问答工具获取所需信息，只有极少数情况下（0.7%）使用其他工具，或者根本不使用工具（1.2%）。

表 8-2　Toolformer 在 LAMA 数据集上的结果

模型	SQuAD	Google-RE	T-REx
GPT-J	17.8	4.9	31.9
GPT-J + CC	19.2	5.6	33.2
Toolformer（disabled）	22.1	6.3	34.9
Toolformer	33.8	11.5	53.5
OPT（66B）	21.6	2.9	30.1
GPT-3（175B）	26.8	7.0	39.8

Toolformer 在数学推理数据集上的结果见表 8-3，GPT-J 和 GPT-J+CC 的表现相差无几，但即使禁用 API 调用，Toolformer 的结果也更优秀。原因可能在于模型在许多 API 调用及其结果的示例上进行了微调，提高了其自身的数学能力。尽管如此，允许模型进行 API 调用可以使所有任务的性能提高一倍以上，并且明显优于更大的 OPT 和 GPT-3 模型。主要原因是在所有基准测试中，对于 97.9% 的示例，模型都使用了计算器工具。

表 8-3　Toolformer 在数学推理数据集上的结果

模型	ASDiv	SVAMP	MAWPS
GPT-J	7.5	5.2	9.9
GPT-J + CC	9.6	5.0	9.3
Toolformer（disabled）	14.8	6.3	15.0
Toolformer	40.4	29.4	44.0
OPT（66B）	6.0	4.9	7.9
GPT-3（175B）	14.0	10.0	19.8

此外，如表 8-4 所示，Toolformer 在 WikiText 数据集和一万个随机采样的 CCNet 样本上，PPL 没有明显下降，证明它没有损失基本的语言模型建模能力。

Toolformer 通过巧妙扩展数据集的方式，提出了一种让语言模型用自监督方式学习使用工具的通用方法。而恰当使用外部工具可以更好地发挥大模型的能力，提升可用性。

表 8-4   Toolformer 的核心语言模型能力

模型	WikiText	CCNet
GPT-J	9.9	10.6
GPT-J + CC	10.3	10.5
Toolformer（disabled）	10.3	10.5

最近，OpenAI 开放的函数调用（Function Calling）功能可允许用户灵活描述外部 API 的功能，GPT-4 可以智能地生成调用这些 API 的参数。通过函数调用功能，用户可以用自然语言在一条信息中调用多个 API，例如"打开车窗并关闭空调"，这极大地拓展了大模型的能力边界。

总体而言，工具为大模型提供了一种处理信息、适应多样任务和与外部环境互动的方式，使得大模型能够更全面、更灵活地应对各种复杂任务。

8.3   自主智能体

自主智能体是一种可以根据所处的环境自动做出智能决策和行为的系统。自主智能体在很长时间以来是学术界和工业界都比较关注的研究课题，甚至被视为通用人工智能的一种实现形式。鉴于大模型在学习知识和分析决策上的优异表现，大模型驱动自主智能体的研究目前获得了极大的关注，也已经成为大模型在产业落地的一个重要方向。

大模型驱动自主智能体是一种以大模型为核心的系统，除了具备大模型本身的文本生成的功能外，还包括完成特定任务、进行推理等一定程度的自主能力。如图 8-8 所示，在大模型驱动的自主智能体中，大模型扮演的角色是智能体的大脑，这个大脑通过驱动几个外部关键组件实现规划决策、调用 API 或工具、整合信息等功能，以解决现实生活中的问题。

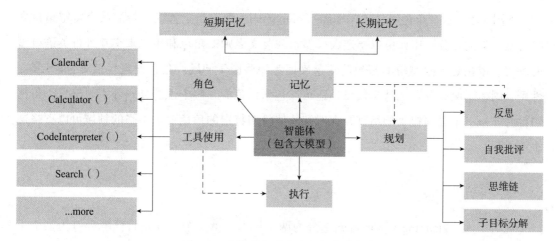

图 8-8　大模型驱动的自主智能体架构

自主智能体工作流程的一个例子如下所示：

用户提问：灯泡的发明者创办了哪家公司？

自主智能体（思考）：

- 思考（Thought）：我需要寻找灯泡的发明者。
- 行动（Action）：搜索 [灯泡的发明者]。
- 观察（Observation）：托马斯·爱迪生。
- 思考：我需要寻找一家由托马斯·爱迪生创立的公司。
- 行动：搜索 [托马斯·爱迪生创立的公司]。
- 观察：托马斯·爱迪生于 1879 年创办了爱迪生电力照明公司。
- 思考：我找到了答案。我会回来。

自主智能体（回复）：托马斯·爱迪生于 1879 年创办了爱迪生电力照明公司。

当接收到人类的问题后，智能体会对问题进行分析和拆解，调用搜索功能查询并获得一些中间结果，最后整合所有信息生成回复。接下来，我们逐一介绍自主智能体的组件及工作流程。

8.3.1　自主智能体的组件

（1）角色组件

如图 8-8 所示，角色组件（Persona Component）通过指定大模型扮演某个特定角色来执行某一类的任务。比如可以指定大模型扮演英文老师的角色和用户来交互进行英语口语的练习，或指定大模型扮演医生的角色来回答一些医学问题。角色设定包括角色的年龄、性别、国籍、职业等客观基本信息，还可以包括角色的一些个性、喜好等主观信息。角色组件并非是一个必须提供的组件，在对智能体扮演特定的角色要求不强的领域可以省略这个组件。

（2）规划组件

规划组件（Planning Component）分为两个层面。第一个层面是将任务分解为多个子任务的能力，该能力可以使智能体利用"分而治之"的思想来解决复杂问题。比如前文例子中智能体判断出要回答"灯泡的发明者创办了哪家公司？"首先要查找到"灯泡的发明者"，就属于这种能力。第二个层面是反思和优化。智能体需要从过往的经验中学习知识，并采用诸如思维链等方式进行推理。智能体还需要从外部环境以及人工反馈中学习，改善自身后续的决策。在第 9 章中，我们将详细解释思维链等大模型推理技术。

（3）记忆组件

记忆组件（Memory Component）在自主智能体的整体架构中发挥着重要的作用，可以帮助智能体积累经验、自我进化，增强智能体行事的一致性和合理性。记忆组件存储智能体从外部环境中感知到的信息，将其记录为某种形式，并在未来的行动中利用某些记忆片段来改善智能体的决策行为能力。记忆可以分为短期记忆（Short-term Memory）和长期记忆（Long-term Memory）。短期记忆一般指的是大模型在当前的提示指令中包含的信息，短期记忆可以保留最近对话历史等信息。长期记忆需要依赖检索系统来召回较长时间范围内的相关信息，通常召回一系列较为久远的上下文信息并将其转化为提示指令的形式。

（4）工具使用组件

工具使用组件（Tool Use Component）可以调用外部 API 来实现模型本身并不具备的能力，比如访问网站、执行代码、查询天气日历等。工具使用组件往往包含一个工具库（Tool Library），其中收集了各种各样的 API，每个 API 一般由名称、描述、参数和请求函数组成。由于工具库中的 API 数量较多，工具使用组件往往包含搜索功能，通过搜索 API 的文本描述来为每个 Prompt 查找合适的 API。因此，检索到的 API 的信息将与记忆组件中的其他系统提示汇总起来，并作为 Prompt 发送到大模型，大模型进而生成 API 请求，该请求将由智能体执行。

（5）执行组件

执行组件（Action Component）负责将智能体的决策转化为具体的结果，这些结果可以是对外部环境的改变、智能体内部状态的迁移等[115]。该模块直接与环境交互，受记忆组件和规划组件的影响。

8.3.2　自主智能体的工作流程

自主智能体的工作流程如图 8-9 所示。

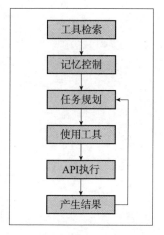

图 8-9　自主智能体的工作流程[116]

自主智能体通过工具检索来查找与用户输入相关的工具，并将检索到的 API 与记忆模块中的上下文信息相结合，构造出新的提示指令。然后，智能体将新的提示指令发送给大模型，大模型决定是否调用 API 以及决定是否生成 API 请求。接下来，智能体提取 API 的参数并执行相关 API 的调用，并将执行结果返回给大模型，大模型继续规划是否调用其他 API。如果需要另一个 API 调用，则重复该过程，否则，大模型生成最终结果返回给用户。

尽管大模型驱动的自主智能体具有很强的发展潜力，但该方向当前仍然面临不少挑战：一是提示词长度的限制，该长度限制了诸如历史信息、API 信息的长度、智能体的学习能力、反思能力和 API 调用能力；二是基于自然语言的交互的可靠性和准确性依然有限，当前的智能体系统依赖于自然语言作为大脑与其他组件之间的接口，大模型输出的自然语言的可靠性尚不稳定，因为大模型可能会出现格式错误或者拒绝遵循人类指令的现象，导致智能体执行任务中出现失败。

8.4 小结

本章深入探讨了检索增强生成的核心概念，并详细解析了解码器融合和提示融合方法的原理。在工具使用方面，我们介绍了大模型采取的多种创新方法，如整合搜索 API 以提升回复的事实准确度，多次迭代不断改进生成结果及通用的工具使用方案等。此外，我们还介绍了自主智能体的概念及工作原理。

CHAPTER 9

第 9 章

大模型的进阶优化

本章全面探讨了大模型的进阶优化技术与策略,包括模型小型化方法、如何通过改进提示来增强模型的推理和逻辑思考能力、代码预训练以及多模态大模型的最新进展等内容。最后讨论了高质量数据在模型训练中的关键作用和模型能力涌现的原因。

9.1 模型小型化

大模型已在多项任务中获得突出表现,但其庞大的规模和高昂的计算成本使得它们难以在实际部署中被广泛应用。当前典型的大模型包含数十亿到数千亿个参数,其推理需要进行大量的计算。比如,GPT-175B 模型在半精度格式下进行运算,至少需要 5 个 80GB 显存的英伟达 A100 GPU 才能存储。这些巨大的模型需要大量的存储和计算资源来执行,这对于实际部署和使用大模型的应用程序来说是一种严峻挑战。具体来说,对大模型的小型化有以下几个原因:

- 缩小模型的存储空间。大模型通常需要大量存储空间,对模型进行压缩可以缩小模型的存储空间,使得模型更容易部署在资源有限的设备上,如嵌入式设备。

● 提高模型的运行速度。大模型通常需要大量计算资源来运行，而计算资源的限制可能会限制模型的应用范围。对模型进行压缩可以减少计算量，提高模型的运行速度。

为了更好地利用大模型，需要探索有效的压缩和优化方法，以降低模型带来的存储和计算成本，提高其实用性和性能，这是当前大模型发展的关键问题之一。下面将介绍该领域的常用方法：模型量化、知识蒸馏和参数剪枝。

9.1.1 模型量化

量化（Quantization）是一种通过使用低精度数据类型（如 8 位整数 INT8）而非常见的 32 位或 16 位浮点数来表示权重和激活值，从而降低运行推理的计算和内存成本的技术。减小参数位宽意味着模型需要更小的内存存储空间，理论上消耗更少的能量，并且像矩阵乘法这样的操作可以使用整数运算更快地执行。它还允许在嵌入式设备上运行模型，这些设备有时只支持整数数据类型。

模型量化可以视为是从高精度数据类型"舍入"为低精度数据类型的过程，属于有损压缩。传统深度网络模型在量化过程中，尽管会引入量化噪声，但由于这种噪声对模型的影响较小，因此通常不会显著影响量化后的推理精度。然而，大模型由于参数量大、网络层数多，这种量化噪声往往会对模型的精度产生致命的影响，因此通常需要通过混合精度或微调等技术来恢复部分精度。下面将介绍模型量化的基本原理，然后以大模型的 int8()[117] 方法为例，介绍通过混合精度保持量化精度的方法。

这里以非饱和量化（No Saturation Quantization）从 FP16 到 INT8 的量化为例介绍模型量化的基本原理，非饱和量化方法的步骤如下：

1）对于需要量化的向量 W，计算各元素值的绝对值的最大值 $\max(\text{abs}) = \max(\text{abs}(W))$。例如，当向量 $W = [1.3, -0.8, -5.3, 2.4, 1.2, -3.1, -0.8, -15.4]$ 时，$\max(\text{abs}) = 15.4$。

2）计算缩放因子 $\alpha = (2^{\text{bitwidth}-1} - 1) / \max(\text{abs})$。例如，当量化到 INT8 时，$\alpha = 127/$

$15.4 \approx 8.25$。

3）将 W 进行量化，量化方式是：$Q = \mathrm{round}(W \cdot \alpha)$。例如，步骤 1 中 W 被量化为 $[11,-7,-44,20,10,-26,-7,-127]$。

4）在实际使用中，需要使用量化因子恢复 W 的实际数值 $W' = \mathrm{round}(Q / \alpha)$。例如，步骤 3 中 Q 恢复后的数值为 $[1.3,-0.8,-5.3,2.4,1.2,-3.2,-0.8,-15.4]$。

可以看到，由于中间步骤采用了四舍五入，步骤 4 中恢复后的数值与步骤 1 中的原始数值存在一定偏差。当模型数据存在数值分布不均匀的时候，采用这种量化方式会导致量化后的模型精度与量化前相差甚远。通过前人实验发现，当模型的参数量增加后，上述现象更加明显。如图 9-1 所示，8 位基线模型代表用 INT8 对不同参数量的模型进行量化后的

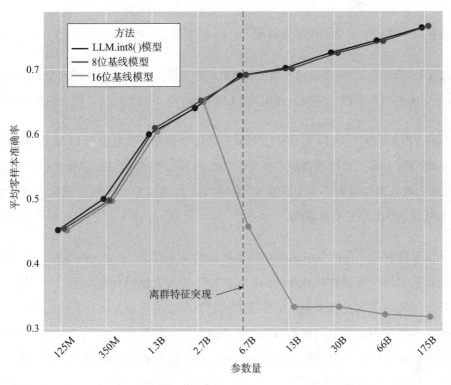

图 9-1　OPT 模型在不同量化方法下的零样本准确率

推理准确度，可以看到，在模型参数量小于等于 2.7B 时，运用该方式进行压缩后的模型可以保持较好的推理准确度，但当模型参数量大于或等于 6.7B 后，运用该方式进行压缩后的模型，其推理准确度急转直下。这主要是由离群值（Outlier）带来的影响，离群值指数据中明显不同于其他样本的异常值，如果离群值存在于数据中，它们可能会导致模型的统计特性偏离正常分布，从而影响量化结果。根据研究者的分析，当模型参数量达到 6.7B 时，大部分 Transformer 网络层中均存在离群值，直接量化将对推理结果产生巨大影响。

LLM.int8() 的解决方案是基于前文介绍的混合精度技术的改进，其核心思想是在进行矩阵乘法的时候，使用原精度对离群值进行单独处理，具体流程如下：

1）通过事先确定的阈值，以列为单位从矩阵隐层中抽取离群值。

2）对离群值的部分通过 FP16 精度做矩阵乘法，对其他部分通过量化 INT8 精度做矩阵乘法。

3）将 2）中 INT8 量化的结果恢复成 FP16，然后将 2）中的两部分合在一起。

通过上述方法将 175B 参数量的模型从 FP16 格式通过 LLM.int8() 压缩至 INT8 格式后，可以减少 50% 的内存占用。同时，压缩后 LLM.int8() 模型依然维持了原有的推理性能。

虽然将 FP16 压缩到 INT8 后理论上可以提升推理速度，但是由于 LLM.int8() 中混合精度引入了额外的步骤，且这些步骤在现阶段还得不到 GPU 等硬件的良好支持，因此 LLM.int8() 带来的推理速度提升不明显：对 175B 参数量的模型有 1.81 倍的提速，但对 6.7B 及以下参数量的模型带来了推理减速。

另外，尽管通过简化的例子阐述了模型量化的基本原理，但在实际应用中，将数值映射到预设离散值的过程通常是非线性的，这取决于输入数据的分布特性。为了提高量化操作的效率，需要一个查找表来确定给定值应映射到哪个离散值，查找表中的每个条目对应一个特定的输入范围，并指定该范围内的值应映射到的离散值。然而，在高度并行的环境中，查找表的使用可能引发内存访问冲突问题：多个处理单元（例如，GPU 中的线程）可能会同时尝试访问查找表。如果多个线程同时访问同一内存位置，就会发生内存访问冲突。

这种冲突需要通过某种序列化（Serialization）机制来解决，例如，让线程依次访问内存，而不是同时访问。但这会导致延迟，降低并行执行的效率。

9.1.2 知识蒸馏

知识蒸馏（Knowledge Distillation）的主要思想是通过一个大型高精度的模型（教师模型），将知识教给一个小型高效的模型（学生模型），使得学生模型能够在兼顾高效率的同时仍然能保持较高的性能。在具体实现上，首先是指定教师模型和学生模型之间的对应关系，即教师模型特定层的输出指导学生模型特定层的训练，例如在实际应用中，为了提升蒸馏效果，往往会进行多层蒸馏，即学生模型除了学习教师模型的概率输出之外，还要学习教师模型嵌入层或中间层的输出；然后通过损失函数定义蒸馏过程的优化目标，即如何最小化学生模型与教师模型之间的差距，以实现知识的迁移和传递，常用的损失函数包括平方损失、交叉熵损失、KL 散度等。

下面将以预训练模型上的经典工作 TinyBERT[118] 为例，介绍知识蒸馏的基本原理。TinyBERT 由华为公司提出，通过此算法压缩得到的小模型 TinyBERT 在只有原始 BERT 模型 13% 参数量的情况下，推理加速达到 9 倍，同时在自然语言处理标准评测 GLUE 上获得原始 BERT 模型 96% 的效果。

在 TinyBERT 中，假设学生模型有 M 层，教师模型有 N 层，则需要从教师模型的 N 层中选取 M 层用于学生模型的蒸馏。如图 9-2 所示，TinyBERT 从教师模型中蒸馏嵌入层、预测层和中间的 Transformer 层三部分信息。

嵌入层的损失函数定义如下：

$$L_{\text{embd}} = \text{MSE}\left(\boldsymbol{E}^S \boldsymbol{W}_e, \boldsymbol{E}^T\right)$$

其中，MSE 是均方差损失函数，$\boldsymbol{E}^S$ 和 $\boldsymbol{E}^T$ 分别为学生模型和教师模型的嵌入层向量，这两个嵌入层维度可能不一致，因此需要通过映射矩阵 $\boldsymbol{W}_e$ 进行转换。

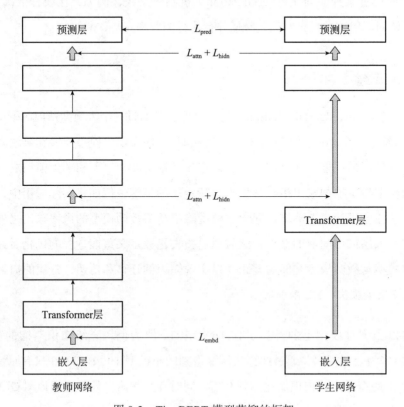

图 9-2   TinyBERT 模型蒸馏的框架

预测层的损失函数定义如下：

$$L_{\text{pred}} = \text{CE}\left(z^S / t, z^T / t\right)$$

其中，CE 代表交叉熵损失函数，z^S 和 z^T 分别是学生模型和教师模型预测的逻辑向量，t 是温度系数，用于控制教师模型的输出的平滑程度。温度系数的选择需要根据具体情况进行调整：温度值越高，教师模型的输出就变得越平滑，减少了最高概率类别与其他类别间的差异，这样的平滑效果使得学生模型能够从教师模型中学习到更加丰富的信息，包括不同类别间的相对差异，而不仅仅是最可能的类别，这促使学生模型能更全面地理解数据的结构，而不是简单地复制教师模型的预测。温度值越低，教师模型的输出就越集中，概率分布更接近于独热编码（One-hot Encoding），其中一个类别的概率显著高于其他类别，这导致学生模型的学习更加侧重于模仿教师模型的确切输出，可能减少了学习过程中的信息丰富性，但有助于提高模型在预测最可能类别时的准确性。温度的选择不宜过高或过低，应当结合简单的验证数据进行调整，以获得最佳的蒸馏效果。在 TinyBERT 中，$t=1$。

中间层的蒸馏可以包含多个 Transformer 层，在每个 Transformer 层中，TinyBERT 对其多头注意力矩阵和隐含状态进行蒸馏，损失函数分别为：

$$L_{\text{attn}} = \frac{1}{h} \sum_{i=1}^{h} \text{MSE}\left(A_i^S, A_i^T\right)$$

$$L_{\text{hidn}} = \text{MSE}\left(H^S W_h, H^T\right)$$

其中，A_i^S 和 A_i^T 分别是学生模型和教师模型第 i 个注意力头对应的注意力矩阵。H^S 和 H^T 分别是学生模型和教师模型的隐含状态，由于前者维度往往小于后者，因此使用映射矩阵 W_h 转换。最终，模型的整体损失函数为这三个损失函数的加权总和，其中中间层可能有若干层。

目前，知识蒸馏已被大量用于自然语言处理、语音识别、计算机视觉等多个领域中，但是在对大模型的小型化中，知识蒸馏仍存在诸多挑战：

- 教师模型可获得性问题。目前部分性能较强的大模型并未向大众公开，而是通过 API 调用的形式对外提供服务，在这种方式下，教师模型的中间层输出往往难以获取，使得模型蒸馏面临较大障碍。
- 数据问题。为了确保蒸馏出的小型模型具有优异的性能，选用或构建高质量的数据集成为关键挑战之一。例如，我们在第 1 章介绍了通过知识蒸馏得到的两个学生模型 Alpaca 和 Vicuna，凸显了数据集质量对蒸馏过程成败的重大影响。Vicuna 模型因采用了用户共享的 ShareGPT 数据集而优于 Alpaca。ShareGPT 数据集的优势在于其真实性和多样性均超过了 Alpaca 所依赖的自动生成的数据集。本章最后将深入讨论高质量数据对模型效果的积极影响，并指出优质数据集构建的重要性及面临的挑战。

截至目前，尽管知识蒸馏技术已被广泛研究，但公开的、专注于通过这种技术缩小大模型的实际应用案例相对有限。目前的研究集中于硬标签蒸馏方法，此法借助 ChatGPT 等大模型（教师模型）对数据集预测的结果来训练较小的模型（学生模型），例如 Alpaca 和 Vicuna。该方法应用较广，主要归功于使用像 ChatGPT 这样的大模型可以显著减少数据标注的成本，而学生模型更少的参数也使得在计算资源上的需求相应减少。尽管如此，该策略面临的一个主要挑战在于数据构造的复杂性。虽然自动化的数据构造方法（如 Self-Instruct）已经降低了这一过程的难度，但要构建一个高质量的数据集仍然是一项挑战。这种挑战直接导致了学生模型与其教师模型之间存在显著的性能差异。

9.1.3　参数剪枝

在对已经训练好的模型进行小型化的过程中，参数剪枝（Parameter Pruning）是一种常用且有效的技术。参数剪枝通过对大模型精确移除对模型性能影响较小的参数，旨在减少模型的存储需求和提高计算效率，同时尽可能保持模型准确度。根据剪枝粒度的粗细，参数剪枝可分为结构化剪枝和非结构化剪枝两种类型。

- 结构化剪枝（Structured Pruning）：也称为粗粒度剪枝，是指删除整个神经元、通道、层或模块等组件来形成更小的神经网络结构。这种剪枝方法可以减小神经网络的模型大小和运算时间，并且能够更好地适应硬件环境的要求。然而，这种方法可能会导致预测精度下降，有时需要对模型进行微调以恢复性能。
- 非结构化剪枝（Unstructured Pruning）：也称为细粒度剪枝，是指从神经网络权重矩阵中删除单个权重或小权重系数，形成一些零权重或去除不重要权重的稀疏权重矩阵。非结构化剪枝对模型的准确性影响较小，通常不需要对剪枝后的模型进行微调。然而，由于剪枝后的网络结构不规则，难以有效地利用硬件进行加速。

结构化剪枝要去除一些神经元、通道或其他组件，去除这些组件的标准相对复杂，且去除后整个模型的结构和维度都会发生变化，在大模型的压缩上，这种改变可能会对模型的预测结果的准确性产生重大影响。为了在改变结构的同时重新获得最佳预测精度，通常需要在结构化剪枝之后重新训练或微调模型。然而，由于大模型的训练成本较高，目前在大模型压缩中应用结构化剪枝的情况较少。因此，本节将着重介绍非结构化剪枝的应用。

非结构化剪枝一般先构造符合计算硬件要求的稀疏矩阵，然后借助硬件进行加速。因此我们需要先了解硬件设备如何对稀疏模型进行加速，这里以英伟达 A100 搭载的 Sparse Tensor Core 进行稀疏矩阵乘法的步骤为例介绍其基本原理。Sparse Tensor Core 要求稀疏矩阵符合一定的特性，比如将矩阵切为多个连续的包含 4 个元素的向量，在每个 4 元素向量中只允许有 2 个非零值元素，这样的矩阵也称为 2∶4 稀疏矩阵。

图 9-3 左侧是常规矩阵乘法的流程，当 $M \times K$ 的矩阵 A 和 $K \times N$ 的矩阵 B 相乘时，需要将矩阵 A 中的每一行与矩阵 B 中的每一列进行相乘以获得结果矩阵 C；在图 9-3 右侧，Sparse Tensor Core 对该过程进行加速，其原理是跳过为 0 的元素以避免无效计算。具体来说，首先去除矩阵 A 中的 0 元素得到 $M \times K/2$ 的非零矩阵 A，并使用标志矩阵记录非零元素的位置，由于只记录相对位置，因此对于每个 4 元素向量，仅需要两位空间即可完成记录；然后在进行行列相乘前，根据标志矩阵中记录的非零元素位置，取得矩阵 B 中对应位置的元素；最后，将对应位置元素与非零矩阵 A 的行进行相乘，在这个过程中，由于矩阵规模缩小了一半，对 GPU 内存和带宽的占用减少将近 50%。

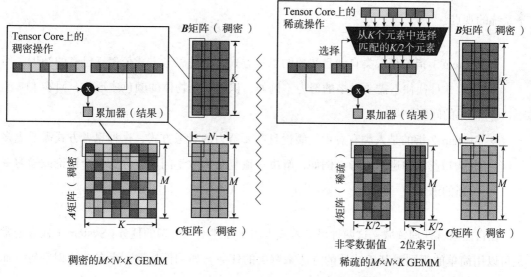

图 9-3　Sparse Tensor Core 工作原理图 [119]

在了解硬件对稀疏模型加速的原理后，下一步是如何将大模型中的矩阵转换为符合要求的稀疏矩阵，例如 2：4 稀疏矩阵。在该领域中，目前常用的方法包括 OBC（Optimal Brain Compression，最优脑压缩）[120]、AdaPrune[121] 和 SparseGPT[122] 等。OBC 剪枝后准确性最高，但处理仅 10 亿参数量的模型所需的压缩时间至少为 1 小时，限制了其在大模型领域的应用。虽然 AdaPrune 大幅优化了压缩速度，但对于处理 10 亿参数量的模型，仍需要数分钟的时间进行剪枝。按这个速度，估计要处理 GPT-3 规模的模型需要数百小时（几周）的计算时间。而基于前两者发展而来的 SparseGPT 方法，仅需几个小时即可在单个 GPU 上对千亿以上参数量的模型完成剪枝，且剪枝后可达到 50%～60% 的稀疏度水平，而不会大幅度降低准确性。

9.2　推理能力及其延伸

第 8 章探讨了自主智能系统，强调了推理作为其核心组成部分的重要性。本节将深入讨论大模型的推理能力及其相关技术进展。在 2019 年举行的神经信息处理系统大会（NeurIPS）上，图灵奖得主 Yoshua Bengio 带来了一场引人深思的报告 "From System 1 Deep Learning to System 2 Deep Learning" [123]。他在报告中阐述了人类认知系统包含两种子系统的观点：

- System 1 指的是人类自动且快速的思考方式，这种思考方式依赖于已有的知识和经验，并且往往不需要过多的努力。例如，识别一个物体的颜色或形状，回答 1+2 等简单的问题。
- System 2 指的是人类有意识、缓慢且需要努力的思考方式，这种思考方式需要更多的认知资源和逻辑思考。例如，解决一道复杂的数学问题，分析一个辩论或学习一门新的语言。

在自然语言处理领域，这两种思考方式也用于描述不同类型的任务：System 1 任务通常是可以用简单的规则或基于统计的方法来解决的任务，如词性标注、命名实体识别等。而 System 2 任务则需要更多的推理和逻辑思考，如问答、自然语言推理等。此前大模型借助于针对特定任务设计的提示词，在单步骤的 System 1 任务上有着出色表现，但是在那些需要多步推理的 System 2 任务上表现不佳。

针对大模型在处理复杂的 System 2 任务上的不足，相关技术如思维链（Chain of Thought，CoT）、零样本思维链、最少到最多提示和 ReAct 被逐步提出。这些技术通过将少样本示例调整为逐步推理的答案示例，引导大模型学习逐步推理过程，从而显著提高了在复杂 System 2 任务中的表现。接下来，我们将详细介绍这些技术。

9.2.1 思维链

思维链的概念由 Google 在 2022 年 1 月 [124] 提出。该工作指出，尽管扩大模型的规模已证明是提高自然语言处理任务性能的有效途径，但在某些多步推理任务（例如数学题和常识推理）上，即使是规模达到 10B 或更多的模型也可能会遇到困难。因此，该工作提出了一种名为"思维链引导"的提示方法，用于改善语言模型的推理能力。这种方法能帮助模型将多步问题分解成中间步骤，以便更好地理解和处理。通过这种思维链引导，即使在缺乏或只有少量训练示例的情况下，具有大约 10B 参数量的模型也可以有效地解决复杂推理问题，这是常规提示方法难以达到的。

图 9-4 为我们提供了思维链提示与常规提示的对比实例。如图 9-4 左侧所示，在常规提示中，先向模型提供输入–输出对的样例（图 9-4 左侧的 Q 和 A），然后要求模型预测测试

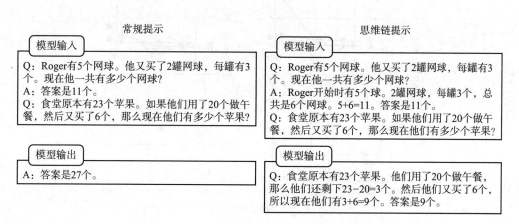

图 9-4 思维链提示和常规提示的对比实例

样本的答案。然而，当采用思维链提示方式时，如图 9-4 右侧所示，模型会在给出多步问题的最终答案之前，生成中间的推理步骤。这种方式试图模拟人类在处理多步推理问题时的直觉思维过程。尽管已经有研究通过微调实现了思考过程的生成，但这里展示了一种仅通过提示即可引导模型生成思考过程的方式，而无须训练大型数据集或改变语言模型的权重。

通过采用思维链推理，模型可以将复杂的问题分解为可逐步解决的中间步骤。而且，由于思维链基于语言，它适用于任何可以通过语言解决的任务。实验发现，思维链提示可以提升各种推理任务的性能。下面将详细介绍思维链在算术推理和常识推理中的表现。

（1）算术推理

算术推理经常被视为语言模型面临的一项重要挑战。通常使用 MultiArith[125] 和 GSM8K[73] 这两个基准测试评估语言模型解决多步数学问题的能力。如图 9-5 所示，对 LaMDA 大模型系列[126]（参数范围从 422M 到 137B）和 PaLM 大模型系列[127]（参数范围

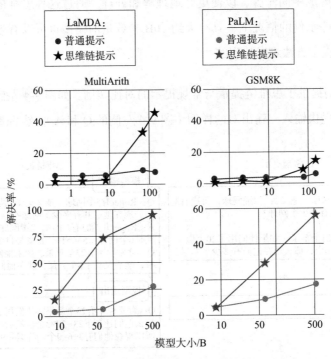

图 9-5　算术推理能力的评估结果

从 8B 到 540B）进行测试时，使用常规提示方式进行的性能评估显示，性能提升的趋势相对平缓，意味着仅仅扩大模型的规模并不能显著地提升解决问题的能力。然而，引入思维链提示模拟解题过程中的逻辑推理链条后，随着模型规模的扩大，性能有了显著的提升，尤其是在参数量较大的模型上，使用思维链提示的性能大大超过了采用常规提示的性能。

（2）常识推理

除了算术推理外，思维链提示同样适用于常识推理任务，这类任务要求模型利用广泛的背景知识来进行物理现象和人类互动方面的推理。为了评估大模型在常识推理方面的能力，研究工作涵盖 CommonsenseQA、StrategyQA、Date Understanding 和 Sports Understanding 四个数据集，如图 9-6 所示，这些数据集专门设计用于测试模型在解读常识性问题上的效能。

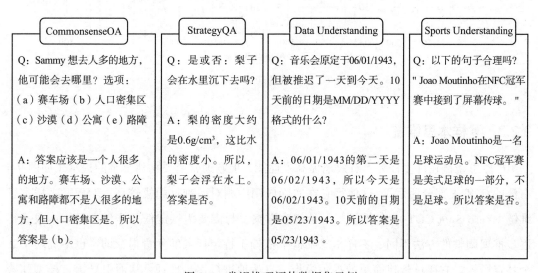

图 9-6 常识推理评估数据集示例

如图 9-7 所示，在这些数据集上的实验结果表明，随着模型规模的扩大，使用常规提示方法的性能会逐渐提高。不过，引入思维链提示能够进一步增强模型的性能，尤其是在处理更为复杂的推理任务时。在 Sports Understanding 任务中采用思维链提示的效果最为突出，以 PaLM 540B 模型为例，采用思维链提示的准确率达到了 95%，相比之下，常规提示方法的准确率为 84%。

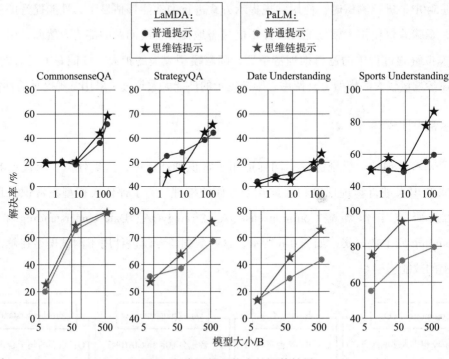

图 9-7　常识推理能力的评估结果

9.2.2　零样本思维链

　　虽然思维链在许多任务上有效地提高了性能，但它通常需要构建复杂的提示（如图 9-4 右侧的 Q 和 A 部分所示），这使得它在实际应用中相对困难且门槛较高。然而，零样本思维链（Zero Shot COT）[128] 提供了一种解决方案。与需要为特定任务准备少量样本或进行逐步推理调整的方法不同，零样本思维链不依赖于特定任务的大量提示词，也不局限于某个特定场景。它通过构建简单的提示模板，自然地进行逐步推理，从而引导语言模型朝着正确的预测方向。其核心思想在于通过两次提示以利用"一步步思考"的方式，抽取当前问题的逐步推理过程。如图 9-8 所示，具体过程如下：

　　1）推理抽取。采用一个简单的模板"Q:[X]. A:[Z]"将问题 X 转化为一个提示。在模板中，[X] 是输入槽位，由问题 X 填充，而 [Z] 则是触发器槽位，由人工构建的触发器句子填充，如"Let's think step by step"（意为"让我们逐步思考"）。通过这个模板，语言模型能够抽取出回答问题 X 所需的逐步推理过程。随后，将构造好的模板输入语言模型中，以生成后续句子 Z。在生成 Z 的过程中，可以使用任何解码策略，比如贪婪解码策略。

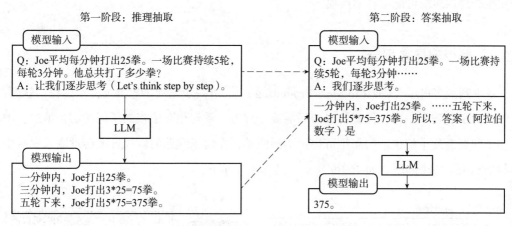

图 9-8　零样本思维链流程示意

2）答案抽取。将第一阶段构造好的模板 Q:[X].A:[Z]，以及生成的句子 Z，与一个新的触发器句子 [A] 进行拼接，再次输入语言模型中，解析模型生成的结果，从而得到最终答案。这里的触发器句子 [A] 与第一阶段的触发器句子不同，它依赖于具体的答案形式，例如，"Therefore, the answer (arabic numerals) is"（意为"所以，答案（阿拉伯数字）是"）。

可以看出，与普通思维链相比，零样本思维链的优势在于其无须通过复杂的人工来将样例转化为特定的答案格式。这一过程在思维链中往往需要烦琐的设计，以确保逐步推理的正确性和高效性。零样本思维链通过减少这些人工需求，简化了推理过程，使得在没有样例的情况下也能有效进行推理，从而提高了效率和适用性。而与普通零样本学习相比，零样本思维链通过生成多步推论的过程，使得最终输入语言模型的文本更加丰富，这不仅增强了语言模型的理解能力，而且允许模型按照逐步推论的方向进行预测。这种方式更好地控制了语言模型的输出，使其在处理复杂问题时，能够提供更为精准和逻辑连贯的答案。相比之下，普通的零样本学习没有这种逐步推理的过程，可能导致模型在理解和解决问题时的能力受限。

在对比实验中，零样本思维链在算术推理任务中的表现略低于使用了样例的思维链，但显著优于不带样例或仅带 8 个样例的常规提示方法。当面临常识推理问题时，零样本思维链能生成富有逻辑性和灵活性的推理，同时，当模型难以精确确定答案时，零样本思维链往往会提供多个可能的答案选项。

9.2.3 最少到最多提示

最少到最多提示（Least to Most Prompting）[129] 进一步发展了思维链提示过程：就像在思维链提示过程中一样，需要解决的问题被分解为一系列相互依赖的子问题。在第二步中，这些子问题会逐个解决。与思维链提示不同的是，先前子问题的解决方案会被输入提示中，以帮助解决下一个问题。如图 9-9 所示，具体流程如下：

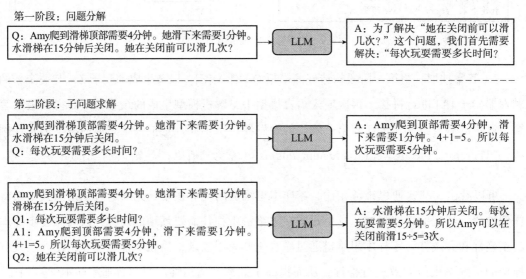

图 9-9　最少到最多提示流程示意

1）问题分解。第一阶段的目标是生成子问题，请求大模型根据输入和提示"To solve {problem}, we need to"（意为"为了解决 { 某问题 }，我们首先需要解决："）生成子问题。

2）子问题求解。在第二阶段，通过思维链的方式求解第一阶段获得的子问题，然后将子问题及其解决过程和答案全部拼接到提示后面，最后将最终要解决的问题拼接在提示的最后，让模型生成解题过程和正确答案。

研究者在 SCAN、DROP 和 GSM8K 数据集上的实验显示，相较于常规提示和思维链方法，使用最少到最多提示方法均能大幅度提升预测的准确率。

9.2.4 ReAct：推理能力 + 行动能力

虽然大模型在语言理解和交互式决策制定方面表现出强大的能力，然而其推理（例如思维链）和行动（例如行动计划生成）的能力，通常作为相互独立的主题进行研究。ReAct[130] 提出了一种全新的研究范式，使得大模型能以交替方式生成推理追踪和任务特定行动，以产生更大的协同效应：推理追踪可以帮助模型引导、跟踪并更新行动计划，处理异常情况，行动则使模型能与外部来源（例如知识库或环境）进行交互并收集额外的信息。这种方法整合了大模型的推理和行动能力，并通过与外部工具的集成来改善决策制定，从而弥补了大模型依赖预训练知识的局限性，并提高了对人类的解释能力和可信度。

ReAct 和前文介绍过的思维链以及 WebGPT 都是可用于处理任务并生成答案的方法，它们通过不同的技术和策略，来优化问题解答的性能。图 9-10 对比了这三者之间的关系，其中，思维链仅具备推理能力，其所求解的任务往往是固定的；WebGPT 仅具备行动能力，它利用语言模型与网络浏览器交互，浏览网页，从 ELI5 中推断复杂问题的答案；而 ReAct 是将模型动作及其相应的观察整合为模型的连贯输入流，以便更准确地进行推理，并处理超出推理范围的任务（例如交互式决策制定）。相比于 ReAct，WebGPT 并未明确地模拟思考和推理过程，而是依赖于昂贵的人工反馈进行强化学习。

图 9-10　思维链、WebGPT 和 ReAct 关系示意图

ReAct 方法的基本实现启发于对人类行为的洞察：在进行多步骤任务时，步骤间往往存在推理过程。基于此，研究者提出了一种提示方式，通过人工编写的推理和行动交错进行的示例来引导模型解决复杂问题。例如，在处理多跳问题回答（HotPotQA）任务时，人工

编写的示例包括多轮的思考（Thought）、行动（Action）和观察（Observation）。行动空间包括搜索特定实体、查找特定字符串和以回答结束当前任务等。通过图 9-11 中的例子，读者可以直观地感受到 ReAct 和其他几种方法之间的区别。

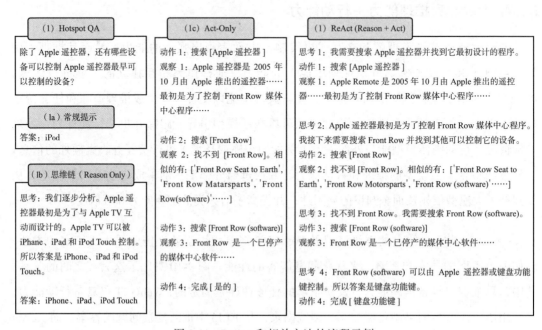

图 9-11　ReAct 和相关方法的流程示例

在这个例子中，所提出的问题是"除了 Apple 遥控器，还有哪些设备可以控制 Apple 遥控器最早可以控制的软件。"，这里所需要的背景知识是：Apple 遥控器最早只能控制 Front Row 软件，而 Front Row 软件可以被两种设备控制，即 Apple 遥控器和键盘功能键。所以，正确答案是键盘功能键。现在可以对比各类方法所能获得的答案：

- 常规提示：得到错误答案 iPod。
- 思维链：使用思维链的方式，模型会逐步思考。Apple 遥控器可以控制 Apple 电视。Apple 电视可以被 iPhone、iPad 和 iPod Touch 控制。最终给出的答案为 iPhone、iPad 和 iPod Touch 控制，依然是错误的。即思维链的方式由于没有与外部环境联系以获取和更新知识，并且必须依赖有限的内部知识，因此受到错误信息的影响（以灰色底纹表示）得到错误的答案。

- Act-Only：模型首先执行了第一个动作，搜索了"Apple 遥控器"，结果显示，Apple 遥控器最早可以控制的是 Front Row 软件。接着，模型进行了第二个动作，尝试搜索"Front Row"，但是并未得到结果。然后，模型执行了第三个动作，搜索了"Front Row 软件"，得到信息是"FrontRow 是一款过时的软件"。最后，模型执行了第四个动作，得出了错误结论"是的"。从这个过程可以看出，这个仅基于行动的解决方案并未包含推理过程，尽管它的行动和观察结果与 ReAct 的行动和观察结果相同，但它并未综合出最终的答案。

- ReAct：以可解释的事实轨迹解决了任务。模型首先构想了一步搜索 Apple 遥控器并找到它最早可以控制的软件的策略。在执行搜索操作后，模型获得的信息是 Apple 遥控器最早可以控制"Front Row"这个软件。于是，模型产生了第二步的想法，即搜索"Front Row"，并找出其他可以控制它的设备。然而，当搜索"Front Row"未得到结果时，模型决定搜索"Front Row 软件"。最后，模型找到了信息，即"Front Row"是一种可以被 Apple 遥控器和键盘功能键控制的过时软件。于是，模型确认了正确的答案是键盘功能键，于是执行了完成操作，给出了最后的答案。

研究者通过充分的实验表明，ReAct 在多个不同的基准测试中表现出色，包括问题回答（HotPotQA）、事实验证（Fever）、基于文本的游戏（ALFWorld）和网页导航（WebShop）。在与 Wikipedia API 交互的情况下，ReAct 在 HotPotQA 和 Fever 任务中的表现优于 Act-Only 方法，与思维链相媲美。而在 ALFWorld 和 WebShop 上，ReAct 的双样本甚至单样本提示能够超越通过大量训练数据进行训练的模仿或强化学习方法。除了性能的提升，推理和行动的整合还有助于提高模型的可解释性、可信度和可诊断性，因为用户可以很容易地区分模型的内部知识和外部环境的信息，以及查看推理追踪以理解模型行动的决策依据。

9.3　代码生成

对于没有任何编程背景的新手程序员来说，能否单凭自然语言的描述来创建软件呢？这个引人入胜的问题长期激发了人们的好奇心，并对软件工程、编程语言和人工智能等领域提出了挑战。若此目标得以实现，它预计将对我们的生活方式、教育系统、经济发展和劳动市场产生深远的影响，因为它代表了软件开发和操作模式的根本转变。鉴于这一愿景的潜在价值和吸引力，代码生成已成为一个研究领域，它不仅吸引了学术界的广泛关注，也引起了工业界的极大兴趣，旨在实现从自然语言描述到代码生成的转换。

初期的代码生成研究主要基于刚性且扩展性有限的启发式规则、专家系统和静态语言模型。随后，研究者开始采用 CNN、RNN、LSTM 和 Transformer 等深度学习方法，尽管这些方法需要大量的标注数据进行训练且在代码生成任务上存在局限性。在 2021 年，OpenAI 推出了具有里程碑意义的 Codex 模型[71]，这个拥有 120B 参数量的模型在解决由人类提出的复杂 Python 编程挑战中展现了其卓越能力，并已成功应用于商业产品中，显著提升了编码效率。

本节将详细探讨 Codex 的架构、训练过程以及它在多样化应用场景中的表现，并讨论此类技术的关键点。

9.3.1　Codex

Codex 是由 OpenAI 开发的一个人工智能编程模型，基于 GPT-3 语言模型，设计用于理解和生成代码。Codex 的典型使用场景是接受注释或提示，例如给定注释 "//compute the moving average of an array for a given window size"，然后生成满足此注释需求的代码片段。除此之外，Codex 在多种应用场景下表现出色，如代码自动补全、自动生成项目注释、代码重构，甚至能实现代码从一种编程语言到另一种编程语言的翻译。例如，在用户输入 "for i in range(10):" 并按下 Tab 键后，Codex 能自动补全代码以完成循环操作。Codex 背后的核心是大规模的代码预训练，它通过对 GitHub 中的 5400 万公开代码仓库进行了预训练，学会了理解编程语言中的模式和结构。本节将详细阐述 Codex 模型的训练数据集、训练策略、评估方式，并对其局限性进行讨论。

Codex 模型通过对大规模代码和自然语言描述的训练和优化，理解自然语言描述并将其转换为代码，以协助编程工作。在进行训练时，Codex 没有对原始 GPT-3 模型进行任何结构性改动，而是利用原有模型在新数据集上进行训练，因此数据集是理解这个工作的重点。

在训练数据集的构造上，Codex 于 2020 年 5 月从 GitHub 的 5400 万个公开代码仓库中收集数据，总计包含 179GB 的去重 Python 文件，文件大小都在 1MB 以下。经过过滤掉可能是自动生成的文件，以及平均行长度超过 100、最大行长度超过 1000 或包含小部分字母数字字符的文件后，得到 159GB 的纯净数据集。

在训练策略方面，OpenAI 团队对比了从零开始训练和对基于 GPT-3 的参数进行微调的方法，发现微调并未取得性能提升，但却能更快地收敛。原因可能是训练数据集非常大，足以抵消初始参数的差异。因此，Codex 的最终训练策略采用了微调的方法。

为了尽可能地利用 GPT 的文本表示，Codex 使用了与 GPT-3 相同的分词器。但由于代码中的词分布与自然语言中的词分布差异较大，GPT-3 的分词器在表示代码时可能不够有效。例如，代码中的连续空格比在文本中更常见。因此，OpenAI 团队在 GPT-3 的分词器中增加了一些额外的词元来表示不同长度的空格，以减少分词后的序列长度并提高分词效率。

在推理过程中，为了保证生成结果的多样性和合理性，Codex 采用了 Top-p=0.95 的核采样生成策略。在每一个时间步，将词的概率从大到小排序，从概率最大的词开始依次选择，直到所选词的概率总和不小于 0.95。然后在这些所选的词中按照概率进行采样，以得到最终的词。这种方法通过采样增加了结果的多样性，而 $p \geqslant 0.95$ 的策略则排除了低概率的词，以保证结果的合理性。

在生成的停止策略上，Codex 采用了当模型遇到 "\nclass"、"\ndef "、"\n#"、"\nif " 或 "\nprint" 等标识符时停止输出的策略。这些标识符在数据集中通常表示开始了一个新的类或新的函数，也就是说这些标识符通常意味着一段代码的结束。

在评测方面，传统的代码生成工作的主要评估方法是基于匹配的方式，例如基于模型输出和参考代码的精确匹配或模糊匹配，如 BLEU 等指标。然而，这种方法无法充分评价编程功能的正确性，即使模型的序列和参考答案非常接近，也可能是错误的。因此，OpenAI 团队将生成代码的功能正确性作为评价指标，即通过单元测试的方法来评估正确性。实践中采用第 5 章介绍的 pass@k 指标衡量模型的编程能力，这种方法可以更准确地评估 Codex 生成代码的质量和正确性，从而提高 Codex 的实用性。

OpenAI 团队还构造了新的评测数据集，即 HumanEval 数据集，在第 5 章中已经详细探讨过。该数据集是专门为评估 Codex 等大规模代码预训练模型而设计的，考虑到这些模型在训练期间已经接触过大量的代码。为了确保评估的有效性，避免模型在训练时已经见过类似的题目，OpenAI 团队创造了这个全新、完全由人工编写的数据集。这种方法使得评估过程更加准确和公正，同时为深入理解和改善模型的编程能力提供了重要依据。

在实验结果方面，Codex 与 GPT-Neo、GPT-J 和 TabNine 在 HumanEval 数据集上的实验结果表明 Codex-300M 的效果优于 GPT-J 6B。OpenAI 团队还证明了 Codex 可以通过增加模型规模持续受益。此外，为了解决训练数据和评估数据间的差异，OpenAI 团队额外收集了数据对模型进行微调，得到了 Codex-S，从而进一步提升了模型效果。

尽管 Codex 是一款高效能的自然语言编程助手，为许多问题提供了正确的解决策略，但其功能依然有一定的限制：

- 数据集依赖。Codex 的性能和能力在很大程度上取决于其训练数据集。数据集的质量和多样性都会直接影响到 Codex 的执行结果。若训练数据集缺少某些类型或领域的代码，Codex 在处理这些类型或领域的任务时可能表现不佳。

- 对代码片段的处理限制。Codex 在代码补全和生成的任务上展现出了卓越的性能，然而，在处理大规模、复杂的代码片段时，其效果可能会有所下滑。由于语言模型的内在限制，Codex 可能会生成不完全或不准确的代码片段，这就需要开发者进一步修正和完善。

- 语言和库的支持限制。Codex 主要专注于 Python 及其一些常用库的支持，尽管通过迁移学习等方式可以拓展到其他编程语言和库，但其效果可能会受到影响。此外，对于新兴的编程语言和库，Codex 可能无法提供充分的支持，这需要等待后续版本的更新和优化。

- 安全和隐私问题。由于 Codex 基于大量的代码库进行训练，存在潜在的安全漏洞和隐私风险。例如，如果训练数据集中包含恶意代码，Codex 可能会生成相似的代码，这可能导致安全问题。另外，使用者的代码可能需要发送至 OpenAI 的服务器进行处理，这可能会导致敏感信息的泄露。

总体来说，虽然 Codex 是一款强大的 AI 代码辅助工具，但在使用时需要充分认识到其存在的局限性，从而充分发挥其优势，同时规避可能的风险和问题。

9.3.2 代码生成的要素

在探索 Codex 及其相关技术在代码生成任务中成功背后的驱动因素时，来自微软的研究者[131] 指出，模型规模、数据质量和调优策略是这些复杂系统取得显著成就的核心要素。本节将分析这些要素，探索它们如何相互作用，共同推动大型语言模型在代码生成任务中的卓越表现，旨在为读者提供一个关于如何构建和优化这些先进系统的简要指南。

- 模型规模。大模型规模的扩展对代码生成任务产生了显著影响，这不仅体现在性能的提升上，还体现于它们处理和生成代码的能力上。随着模型参数量的增加，模型在各种基准测试中的性能普遍提高，这意味着模型能更准确地理解问题并生成相应的代码。同时，更大的模型通常表现出更低的语法错误率，说明它们更好地掌握了编程语言的规则和结构。然而，这种规模的扩大并非万能的，尽管它们在语法层面表现良好，但在理解复杂逻辑和生成语义上下文正确的代码方面仍然面临挑战。因此，虽然模型规模的增加是提升性能的有效途径之一，但也需要配合其他技术和策略来全面提升模型在各方面的能力。

- 数据规模和质量。在大模型的训练过程中，数据的规模和质量起着至关重要的作用。随着模型规模的扩大，对于广泛、多样且高质量的训练数据的需求也相应增加。这些数据不仅需要涵盖广泛的编程语言和风格，还需要经过严格的预处理来确保数据的准确性和适用性。通过从开源平台收集大规模代码库并进行预处理，比如移除自动生成的代码或者过滤掉不常见的代码文件，可以大大提升数据的质量。通过确保数据的多样性、广泛性和质量，可以极大地提升模型的性能和适应性，使其在更广泛的场景中表现出色。

- 专家调优。在大模型的开发过程中，专家调优是提高模型性能不可或缺的一环。如前所述，模型的性能受其超参数设置的影响，包括学习率、批量大小、温度采样等。随着模型规模的扩大，这些参数需要精心调整，以适应更大的模型容量和复杂性。例如，采样温度的调整可以影响模型生成代码的多样性，更高的温度可能会导致更多样化的预测，但同时也可能影响特定条件下的准确性。另外，选用适合代码内容的高效分词器也至关重要，它可以帮助模型更准确地理解和处理复杂的编程语法和结构。通过这些精细的调整，大模型可以更好地适应代码生成任务的需求，生成更准确、更实用的代码。

通过分析模型规模、数据质量和专家调优的影响，我们可以清晰地看到这些因素是如何共同塑造大模型在代码生成任务中表现的。模型规模为理解和生成复杂代码提供了必要的容量，而高质量的数据则确保了模型有足够的、多样的信息来学习和适应各种编程语境。同时，精细的调优策略则像艺术家细致调整其画笔一样，确保了模型的表现能够达到最优。这些要素不仅彼此独立，而且相互依存，共同构建了强大而灵活的模型，使得像 Codex 这样的技术能够在代码生成领域取得突破性的成功。未来，随着这些领域的不断进步和发展，我们期待看到更加智能、更加精准的编程助手，它们将继续在软件开发和许多其他领域中扮演关键角色，推动人类进入一个更加高效和创新的未来。

9.4 多模态大模型

大模型已经展现为各类自然语言处理任务的通用接口，用户仅需要用文字明确描述任务，即可轻松实现文本分类、情感分析、机器翻译、智能问答等功能。然而，尽管大模型在自然语言处理场景下取得了显著成果，但它们在处理图像和音频等多模态数据方面仍处于初级阶段。在人类的日常生活中，交流方式并不仅限于语言，还包括视觉、听觉和触觉等多种感官。由于互联网的广泛使用和各类传感器的普及，我们能获取的多模态数据（如图像、音频、视频等）的总量远超过文本。解决实际问题时，往往需要多个模态之间的互动，因此多模态大模型将成为未来研究的关注重点。

多模态感知将极大地扩展语言模型的应用范围，不同模态数据的融合有望进一步激发大模型的"能力涌现"，这意味着通用人工智能能力的进一步提高，为人类社会带来更多的机遇和挑战。本节将介绍一些典型的多模态大模型的发展和主要技术路线。

视觉 - 语言多模态大模型从结构角度来看，主要可分为 3 种典型的技术路线：基于

BERT 的模型、双编码对比模型（Dual-encoder Contrastive Model）和视觉语言模型（Visual Language Model）。

基于 BERT 的模型的早期代表 ViLBert[132] 将文本嵌入序列和图像嵌入序列拼接在一起输入 Transformer 网络中，预训练任务包括掩码语言模型，对部分文本或图像词元进行掩码，然后利用其他文本信息和图像信息对被掩盖的文本进行预测，以及预测图像和文本是否匹配。之后，BEiT-3 模型通过对网络结构进行多项改进，显著提升了模型效能。这类模型通常在应用于具体任务前还需进行针对性的微调。

双编码对比模型以 CLIP[133] 为代表，图像部分和文本部分分别通过两个 Transformer 网络进行编码，再进行对比学习。CLIP 在分类、匹配检索任务上优秀，但对于生成性的任务（如视觉问题回答 VQA、给图片起标题等）则并不天然适用。

视觉语言模型通过跨模态桥接，将大模型与强大的视觉表示相结合，在语言和多模态之间共享知识，实现无须微调就能处理诸如视觉问答（VQA）等问题，展示出零样本和单样本学习的潜力。先行研究如 VisualGPT[134] 和 Frozen[135]，展示了预训练语言模型作为视觉语言模型解码器的优势。随后，Flamingo 模型通过门控交叉注意力对齐预训练的视觉编码器和语言模型，在大量图像 - 文本对数据上进行训练，展示了卓越的上下文少样本学习能力。继 Flamingo 之后，PaLM-E[136] 模型引入了 562B 参数量，成功整合现实世界的连续感知模态，加强了模型对现实情境感知与人类语言之间的理解。2023 年，OpenAI 发布的 GPT-4 在接受大量图像 - 文本对齐数据的预训练后，证明了其在视觉理解和推理方面的进一步提升。最新推出的 Sora 模型又更进了一步，支持生成长达一分钟的高质量视频，标志着在多模态学习领域的又一重大突破。

接下来，我们将重点介绍基于 BERT 的 BEiT-3 模型、双编码对比模型的代表 CLIP 模型和视觉语言模型的代表 Flamingo 模型，以及如何在资源受限的情况下将视觉和开源大模型相结合的多模态方案 MiniGPT-4。

9.4.1　BEiT-3

BEiT-3 模型 [137] 是微软提出的一种基于 BERT 的预训练模型，在其初次发布时，该模型在所有涉及的任务上都实现了超越先前最优模型的性能，值得注意的是，它并未依赖私有的大规模数据进行训练，而是利用公开可用的数据集。BEiT-3 的核心理念是基于 AI 领域的大一统趋势，即通过统一的神经网络架构、生成式预训练方法和模型参数规模化，以实现 AI 模型的标准化和规模化，从而为 AI 的广泛产业化提供基础。

BEiT-3 模型采用了统一的骨干网络——多路 Transformer，能够同时编码多种模态，如文本和图像。这种模型架构的统一为预训练的大一统提供了基础。此外，基于掩码数据建模的预训练已成功应用于多种模态，研究者将图像视为一种语言，实现了以相同的方式处理文本和图像两种模态任务的目的。这种方法使得图像 – 文本对可以被用作平行语料来学习模态之间的对齐。

如图 9-12 所示，多路 Transformer 模块由一个共享多头自注意力模块和一组用于不同模态的前馈网络（即单一模态专家）组成。根据每个输入类型，将其转化为词元的形式输入各个模态的支路中。在这个实现中，每一层都包含一个视觉支路和一个语言支路。此外，在前三层还设计了视觉—语言融合支路，以便融合多模态数据。这样，可以通过共享多头自注意力模块学习到的不同特征，并对不同模态之间的特征进行对齐，从而实现多模态（如视觉—语言）任务信息的紧密融合。

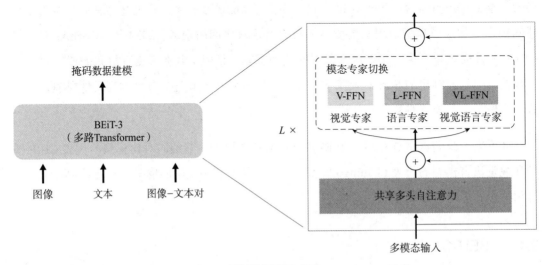

图 9-12　BEiT-3 预训练原理及多路 Transformer 示意

BEiT-3 骨干网络是基于 ViT-giant 建立的一个巨型基座模型。该模型由一个 40 层的多路 Transformer 组成，其中隐层维度为 1408，中间维度为 6144，注意力头为 16 个。每一层都包含视觉支路和语言支路。视觉—语言支路也被包含在前 3 个多路 Transformer 层中。自注意机制模块也在不同的模态中参与共享。BEiT-3 共包含 1.9 亿个参数，其中视觉专家参数为 6.92 亿个，语言专家参数为 6.92 亿个，视觉语言专家参数为 5200 万个，共享多头自注意力模块参数为 3.17 亿个。

BEiT-3 采用了基于掩码数据的自监督学习方法，这种方法已经在各种任务中得到了成功的应用。在单模态（即图像或文本）和多模态（即图像＋文本）数据上对 BEiT-3 进行进一步训练，采用统一的掩码数据模式。在预训练过程中，随机屏蔽一定比例的文本词元或给图像数据加上掩盖块，并通过模型的训练使其达到恢复屏蔽词元的能力。

在训练过程中，该模型使用了大量的单模态和多模态数据。对于图像和文本的单模态数据，使用来自 ImageNet-21K 的 1400 万张图像和 Wikipedia、BookCorpus、OpenWebText3、CCNews 和 Stories 的 160GB 英文文本语料库。BEiT-3 模型的预训练包括 100 万训练步数，每个批次包含 6144 个样本，分别由 2048 张图像、2048 段文本和 2048 个图像文本对组成。这种训练方式使得每个批次的大小远小于对比学习的模型。

在实验中，该模型在多个视觉及视觉—语言任务上取得了领先的表现。这些任务包括：目标检测和实例分割，使用 COCO 数据集（一种大规模目标检测、分割和图像标注的数据集）；语义分割，使用 ADE20K 数据集（一个广泛用于语义理解的数据集）；图像分类，使用 ImageNet 数据集（一个大规模图像数据库，广泛用于图像分类研究）；视觉推理，使用 NLVR2 数据集（一个自然语言视觉推理测试集）；视觉问答，使用 VQAV2 数据集（一个视觉问答数据集）；图片描述生成，使用 COCO 数据集；跨模态检索，使用 Flickr3K 和 COCO 数据集（两个包含丰富图像－文本对的数据集）。

相比于其他多模态工作，BEiT-3 的简单性和有效性使其成为扩大多模态基座模型的一个有前途的方向。然而，尽管 BEiT-3 的性能出色，但其依然存在一些局限性。例如，当训练数据的两个模态的信息关联关系较弱时，比如文本和图像模态的信息相互互补，这时 BEiT-3 的多路注意力机制可能无法合理地进行特征的相互补充。总体而言，BEiT-3 的提出为多模态大模型的研究开辟了新的道路，也为 AI 的大一统趋势提供了有力的支持。

9.4.2　CLIP

CLIP（Contrastive Language-Image Pre-Training）[133] 是由 OpenAI 提出的一种多模态预训练模型，区别于传统的独立处理语言或图像的模型，CLIP 可以同时处理和理解图像与自然语言之间的语义关联。它采用对比学习的方法，将图像和文本嵌入同一语义空间中，从而实现图像与文本的语义对齐。CLIP 模型通过训练来自互联网的大量文本 - 图像对，能够学习并理解丰富的语义知识，并将这些知识应用到多模态任务中。通过预训练任务预测哪个标题与哪个图像相匹配，CLIP 模型学会了用自然语言描述视觉概念，并在下游任务中展示出了强大的零样本能力。特别是在 ImageNet 数据集上，CLIP 的零样本推理能力与经过 128 万训练数据集微调的 50 层 ResNet 相当，从而显示出其强大的迁移和零样本学习能力。

CLIP 模型应用领域广泛，包括图像分类、视觉问答和多模态检索等。在图像分类任务中，CLIP 无须任何标注信息就可以对图像进行分类。在视觉问答任务中，CLIP 通过理解问题和图像之间的语义关联来回答问题。在多模态检索任务中，CLIP 可以在图像和文本之间进行相似度匹配，从而实现图像和文本的检索。

CLIP 模型的预训练采用对比学习的方法，同时训练图像编码器和文本编码器，以预测一批图像和文本训练样本的正确配对。具体而言，如图 9-13 所示，文本通过文本编码器获得对应的文本特征，图像通过图像编码器获得对应的图像特征，然后组合成特征矩阵。在这个矩阵中，对角线元素为正样本，表示相对应的图像 - 文本对，而对角线以外的元素作为负样本，表示不相关的图像和文本。训练目标是最大化匹配的图像 - 文本对的余弦相似度，同时最小化不匹配的图像 - 文本对的相似度。

使用自然语言作为监督信号训练视觉模型，CLIP 模型体现出巨大的优势。相较于传统的图片标注数据的多选一方法，自然语言监督更具可扩展性，不受预定义类别的限制，因而能够扩大模型的应用范围。这意味着模型可以从互联网上获取的大量文本中间接学习监督信息。此外，模型不仅学习了图片的表示，同时也将这种表示与语言联系起来，这使得模型能够实现灵活的零样本迁移学习能力。

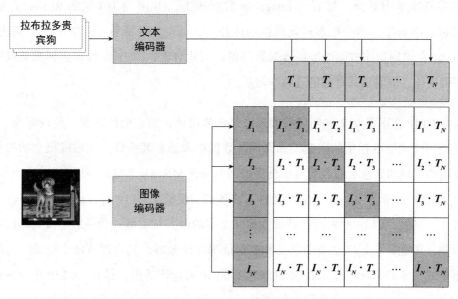

图 9-13　CLIP 模型框架

相较于早期的工作，CLIP 模型的主要改进在于模型规模和数据规模的显著提升。以往的研究主要依赖的 3 个数据集规模相对较小，每个数据集只包含大约 10 万张训练图片。其中，规模稍大的 YFCC100M 数据集包含 1 亿张图片，但过滤质量不理想的数据后只剩下 1500 万张图片，其规模大致相当于 ImageNet。为了解决这个问题，CLIP 构建了一个全新的数据集 WIT，这个数据集包含来自互联网的各种公开资源，总共有 4 亿个图像－文本对。为了尽可能覆盖广泛的视觉概念，WIT 数据集使用英文维基百科中出现超过 100 次的单词构建了 50 万个查询，并借助 WordNet 进行了同义词替换。为了保证数据集的均衡，每个查询最多返回 2 万个查询结果。

随着数据量的大幅度增长，训练效率的提升变得至关重要。与之前的工作不同，CLIP 借鉴了对比学习的策略，即仅预测哪个完整的文本与哪个图像配对，而不再预测具体的单词。通过这种方法，CLIP 实现了 4 倍的效率提升。同时，由于数据量巨大，也有效避免了模型过拟合的问题。

在 27 个数据集中，CLIP 模型在其中 16 个数据集上展示了优于全监督训练的 ResNet 模型的零样本学习性能。尽管在 ImageNet 数据集上，CLIP 与 101 层的 ResNet 都展现出较高的识别准确度，然而在多样化风格的图片（如动漫、表情包、素描）的识别任务中，ResNet101 在识别物体方面的准确度显著降低。与此对比，CLIP 能够在多种视觉风格中准确地识别物体，证明了其卓越的迁移学习能力。

虽然 CLIP 在图像和文本领域的表现已经非常出色，但它仍然存在一些局限性。首先，它的性能仍受训练数据集的限制，如果训练数据中未涵盖某些特定领域或概念的样本，那么它在这些领域或概念上的表现可能会受限，例如在 MNIST 手写数字识别数据集上，CLIP 只达到了 88% 的准确率，这个结果显然不够理想，反映出 CLIP 对训练数据分布存在一定的依赖性。其次，CLIP 并未真正理解图像和文本的语义及语境，而是通过模式匹配进行分类和预测，因此，在处理复杂的语义和逻辑推理等任务时，其表现可能会受限。另外，对于需要生成文本的下游任务，例如 VQA 等，CLIP 可能不适用。最后，CLIP 作为一种监督学习方法，需要大量的标注数据进行训练，这在隐私敏感的领域或数据稀缺的情况下可能限制了其应用。

9.4.3　Flamingo

Flamingo[138] 是由 DeepMind 推出的一个视觉语言模型，在广泛的开放式多模态任务上，它在少样本学习的表现达到了当时的行业最佳水平。这表明仅需少量特定示例，Flamingo 就能够解决许多复杂问题，无须任何额外训练。Flamingo 的简洁界面使得这种能力得以实现，它将图像、视频和文本作为提示（提示词），然后产生相应的语言输出。

Flamingo 模型有多种应用功能，包括文本描述补全、视觉问题回答（VQA）/文本视觉问题回答（Text-VQA）、光学字符识别（OCR）、数学计算、文本描述（支持多语言）、物体计数、语言与文本的混合理解，以及对人物常识的理解等。

Flamingo 模型的实现策略主要通过添加新的架构组件，将预先训练并冻结参数的大模型与强大的视觉表示整合。模型仅利用来自互联网的大规模多模态数据进行训练，避免了针对特定下游任务的数据标注和微调需求。为了实现这一目标，Flamingo 使用了具有 70B

参数量的语言模型 Chinchilla[139]，并将其训练为拥有 80B 参数量的视觉语言模型。以下将对 Flamingo 的模型架构进行详细解析。

如图 9-14 所示，Flamingo 模型主要包含以下几个组件：视觉编码器（Vision Encoder）模块、感知重采样器（Perceiver Resampler）模块，以及通过门控注意力机制 GATED XATTN-DENSE 实现的 Adapter 模块和语言模型 Chinchilla。首先，模型通过视觉编码器模块采集视觉信息（包括图像和视频），然后利用感知重采样器模块对视觉信息进行整合，以形成统一的输出。随后，模型通过 Adapter 模块将视觉信息"嵌入"语言模型中，利用语言模型的能力处理多模态任务。

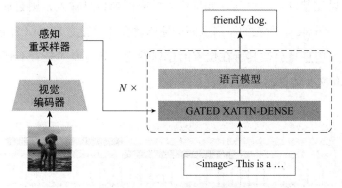

图 9-14　Flamingo 模型架构

- 视觉编码器模块：此模块采用的是 Normalizer-Free ResNet（NFNet），通过与 CLIP 类似的训练方法进行训练。在 Flamingo 模型中，该模块的权重被冻结，仅用于视觉特征提取。

- 感知重采样器模块：此模块的目标是对图片和不同尺寸的视频进行统一的表征建模，确保其输出具有统一的维度。这样做的优点是，模型既可以支持图片和视频，又可以在训练时进行批量处理。

- Adapter 模块：此模块基于 Transformer 编码器模块，并加入了门控机制，用以控制视觉信息的输入量。需要注意的是，如果门控值为 0，那么模型不会使用任何视觉信息。因此，Adapter 模块的作用本质上是动态整合功能，帮助判断是否需要以及整合多少视觉信息。之后，整合后的信息会被一起输入语言模型对应的模块中，通过语言模型实现推理。

- 语言模型：Flamingo 的语言部分采用了 DeepMind 之前提出的 70B 参数量的自回归语言模型 Chinchilla。这个模型与 GPT 系列类似，使用的是 Transformer 的解码器作为基础框架进行训练，借鉴了 GPT 系列的思路，具有强大的序列推理能力。

为了让模型具有类似 GPT-3 的少样本推理能力，需要将输入格式改为图像/视频-文本-图像/视频-文本的交叉结构，将图像/视频作为语言序列的一部分。同时，为了控制模型在每个时间步只能看到该时间步之前的信息，这里还设置了一个特别的掩码机制，其目的是控制哪些语言序列可以看到哪些图像信息。如图 9-15 所示，<BOS> 和 <EOC> 中间的序列被视为一段完整的输入序列。如果序列中有图像信息输入，则会插入一个 <image>作为词元，此时，<image> 所在的序列区间的掩码就会被设置为 None（深色部分），这样处理之后，图像输入信息只会被其所在位置的序列看到，其他序列是看不到的，从而清晰地定义了图像信息和文本信息的关系。

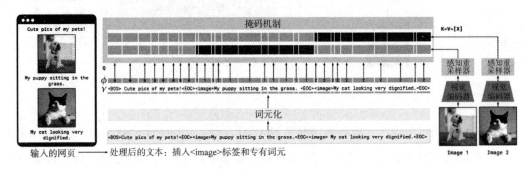

图 9-15　Flamingo 模型掩码示意

值得注意的是，在训练过程中，最多使用 5 张图片来构造交叉输入序列，但在评估时，研究者发现该模型能够泛化到长度为 32 的序列，这也证明了自回归语言模型的强大序列推理能力。

然而，Flamingo 仍具有一定的局限性。首先，Flamingo 模型基于预训练的语言模型，因此直接继承了其弱点。例如，语言模型的先验知识通常是有用的，但有时也可能导致误导和无根据的猜测。其次，Flamingo 的分类性能落后于最先进的对比学习模型，这些模型直接优化了文本－图像检索任务，因此在分类性能上较强。然而，Flamingo 模型更擅长处理广泛的任务，如开放式任务。最后，虽然 Flamingo 模型的上下文学习能力比传统的少样本微调学习方法更高效，但在针对不同的应用情况下也会存在缺点。上下文学习对样本非常敏感，推理计算成本和绝对性能随着样本数量的增加而降低，因此当样本数量较多时，该方法可能并不适用。

9.4.4　MiniGPT-4

GPT-4 的最新研究展现了强大的多模态生成能力，它能从多种不同的输入源（例如手写文本和图像）提取信息，并融合这些信息生成丰富的输出结果。例如一项颇为吸引人的应用表明，GPT-4 可以直接将手写文本转化为网站源码。此外，GPT-4 还能够识别图像中的幽默元素，这是以往的视觉语言模型所无法实现的。GPT-4 之所以具备如此出色的多模态生成能力，是因为它采用的先进大模型。大模型具备超越传统模型的自然语言处理能力，能更深入地理解语言与图像之间的关系，进而实现更精确、更自然的多模态生成。在此基础上，MiniGPT-4 项目[140]借鉴了 Flamingo 的技术路线，使用开源的大模型打造了一个资源更为精简的 GPT-4 类模型。本节将详细介绍这一过程。

如图 9-16 所示，MiniGPT-4 模型的结构相对简洁，它通过一个投影层将 BLIP-2 中的冻结视觉编码器和冻结的大模型 Vicuna 进行对齐。在模型训练方面，MiniGPT-4 分两个阶段

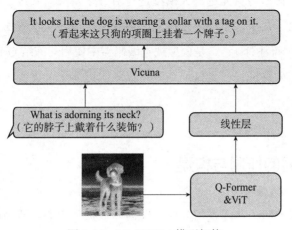

图 9-16　MiniGPT-4 模型架构

进行。第一阶段是传统的预训练，使用约 500 万个对齐的图像 - 文本对进行训练，在 4 个 A100 上训练 10 小时后完成。尽管此阶段训练后，Vicuna 能够理解图像，但其生成能力显著受损。为了提高其生成能力和可用性，模型进入了第二阶段的微调。在此阶段，研究者通过模型本身与 ChatGPT 共同创建一个小型但高质量的图像 - 文本对数据集（总共 3500 个），对第一阶段的模型进行微调，从而显著提高了生成的可靠性和整体的可用性。这个阶段的计算效率极高，仅需使用一个 A100 大约 7 分钟即可完成。

通过该工作展示的部分样例可以看到，在特定情境下，MiniGPT-4 具有许多与 GPT-4 相似的能力。例如，MiniGPT-4 可以生成复杂的图像描述，根据手写文本生成网站，甚至解释视觉现象，如幽默等。此外，MiniGPT-4 还具备许多其他独特的能力，如观察美味食物照片并生成详细的食谱，根据图像创作故事或说唱歌曲，为图像中的产品撰写广告，识别图像中显示的问题并提供相应的解决方案，以及直接从图像中检索人物、电影或艺术相关的详细信息等。此类能力在先前的视觉语言模型如 Kosmos-1 和 BLIP-2 中并不存在，因为这些模型没有采用像 Vicuna 这样强大的语言模型。这个对比进一步证实，将视觉特征与先进的语言模型相结合，可以赋予模型新的视觉语言能力。

虽然 MiniGPT-4 展示了诸多先进的视觉语言能力，但它仍然存在一些限制。首先，由于 MiniGPT-4 是基于大模型构建的，因此它也继承了大模型的一些问题，如推理能力的不稳定性和产生不存在的知识。这个问题可能可以通过使用更多高质量的图像 - 文本对进行模型训练，或是将模型与更先进的大模型进行对齐来解决。其次，模型在感知能力上还存在不足。这可能由于几个因素：一是模型所接触的图像 - 文本数据并未包含足够的信息（如空间定位和光学字符注释）；二是模型视觉编码器中使用的冻结 Q-Former 可能遗漏了一些关键的视觉空间基础特征；三是仅训练一个投影层可能无法提供足够的容量来学习广泛的视觉文本对齐等。

9.5   高质量数据的作用与构建

人工智能的发展方向正从以模型为中心转向以数据为中心。所谓高质量的数据，是指准确度高、具有多样性且无噪声和重复的数据。对大模型而言，高质量数据的作用不言而喻，它可以显著提升模型性能、泛化能力和可解释性，同时降低训练成本。

本节将探讨高质量数据对模型性能的影响，以及如何从不完美的数据集中构建高质量数据。通过两个小模型实例，证明了少量高质量数据即可让预训练模型很好地遵循指令，或在特定垂直领域取得不错的效果。

9.5.1　LIMA

为了使大模型能实现通用的语言理解和生成任务，需要对预训练模型进行对齐。此前的研究 [141,142] 使用数百万条数据对模型进行指令微调，或者收集了百万级交互数据对模型进行基于人类反馈的强化学习 [62,63]。显然，这样的对齐方案需要大量算力和定制化的数据，训练成本很高。

LIMA（Less Is More for Alignment，少即是多对齐）研究者推测，大模型中几乎所有知识都是在预训练中学习的，指令微调只是一个很简单的过程，让模型学到与用户交互的方式和形式。因此，研究者认为，只要给定一个足够强大的预训练模型，仅需要少量指令微调数据就可以教会模型产生高质量输出 [143]。为证实该猜想，研究者构建了 1000 条高质量指令微调数据，达到了意想不到的效果。下面具体介绍这些数据的构建方法和取得的效果。

这些指令微调数据的特点是输入多样且回复风格一致。它们的来源如表 9-1 所示，既有社区问答数据，又有人工撰写的数据。虽然总数据量仅有 1000 条，但来源的确丰富。

表 9-1　LIMA 指令微调数据的来源

	数据源	示例数	平均输入长度	平均输出长度
训练集	Stack Exchange（STEM）	200	117	523
	Stack Exchange（其他）	200	119	530
	wikiHow	200	12	1811

（续）

	数据源	示例数	平均输入长度	平均输出长度
训练集	Pushshift r/WritingPrompts	150	34	274
	Natural Instruction	50	236	92
	手工编写（第一组）	200	40	334
开发集	手工编写（第一组）	50	36	
测试集	Pushshift r/AskReddit	70	30	
	手工编写（第二组）	230	31	

下面具体介绍不同数据源的数据构建方法。

1. 社区问答

社区问答主要有 3 个数据源：Stack Exchange、wikiHow 和 Pushshift Reddit 数据集。其中，前两者的回答质量较高，可以自动挖掘。而 Reddit 的高赞回答会存在幽默和恶搞的情况，需要采用手动改写的方式让它们与预期风格一致。

Stack Exchange 是一个在线问答社区，每个社区都有自己的主题。首先将它们划为两类，STEM 相关和其他内容（如英语、烹饪、旅行等）。然后在这两个集合中分别采样 200 个问题和答案，以获得不同领域的均匀的样本，再在其中分别选择得分最高且标题自成一体的问题，最后选择每个问题的最佳答案。为了让回复风格符合有用的 AI 助手的标准，研究者还过滤了过短、过长、第一人称写作的回答，以及引用回答。此外，还删除了回答中的链接、图片和 HTML 标记，仅保留代码块和列表。

wikiHow 是一个在线维基风格的社区，涵盖各种主题超过 24 万篇高质量文章。研究者从中先采样类别再采样文章，共采样 200 篇文章以保证多样性。然后将文章标题作为提示，将文章正文作为回复，还对一些链接和图片进行了清洗。

Pushshift Reddit 是世界上最受欢迎的网站之一，它的内容更偏向于娱乐而不是提供帮助，所以往往诙谐、讽刺的评论会获得高赞。因此，我们将样本限制在两个子论坛，并从中手动选择获赞最多的帖子中的示例，它们涵盖诸如爱情诗和短篇科幻故事等主题。

2. 手动编写的示例

为进一步使数据多样化，研究者也手动编写了不少示例。首先将研究者分成两组，每组写 250 个示例，然后将第一组的 200 个加入训练集，剩下的 50 个加入开发集，将第二组有问题的数据过滤后，把剩下的 230 个示例用作测试集。

此外，研究员还从 Natural Instruction 数据集中选择了 50 个文本生成任务。它们包括文本摘要、改写和风格转换任务等，每个任务都随机采样一个样例加入训练集。尽管用户输入的形式与这些提示可能不同，但加入它们可以进一步增加提示的多样性，同时增加模型的鲁棒性。

至此，含有 1000 条高质量微调提示的数据集构建完成。用该数据集微调 LLaMA-65B 的版本得到 LIMA 模型。模型效果主要采用人工评估的方式，与 OpenAI 的 DaVinci003 模型和使用 52 000 条指令微调数据的 Alpaca-65B 模型进行了比较。

评估的方法是对每个测试集中的提示输入生成一个回复，然后让标注员判别与基线模型相比，哪个回复更好。另外，还用 GPT-4 重复了此标注，结果如图 9-17 所示。显然，人工标注与 GPT-4 标注具有同样的趋势，因此我们以人工标注结果为主要参考。首先，虽然 Alpaca 使用了 52 倍之多的指令微调数据，但依然不及 LIMA。其次，即使使用 RLHF 技术

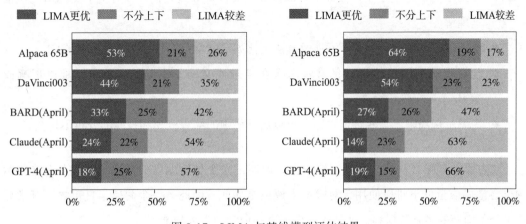

图 9-17　LIMA 与基线模型评估结果

的 DaVinci003 也不如 LIMA 的性能。BARD、Claude 和 GPT-4 总体来看超越了 LIMA 的效果，但 LIMA 在许多情况下依然输出了更好的回复。

LIMA 的成功证明了仅用 1000 条精心撰写的提示数据就能训练出一个不错的模型，显示了高质量数据的作用与威力。但该结果也存在一定的局限性，构建这样的高质量数据集耗时耗力，很难扩展。另外，LIMA 并不是一个产品级模型，仍旧处于实验阶段，它也常常会产生较差的结果。这项工作在一定程度上验证了模型绝大部分的知识是在预训练阶段习得的，也证实了很多看似复杂的对齐问题可以通过简单的微调来解决。

9.5.2　教科书级数据

根据模型扩展法则，为提升模型性能，可以从增大计算量和模型规模入手。此前有研究证实提升数据质量可以改变扩展法则的变化趋势，那么能否使用更少的高质量数据和计算量超越大模型的性能？答案是肯定的。微软研究院使用"教科书级"的高质量数据训练了仅 1.3B 的面向代码任务的 phi-1 模型 [144]，在 HumanEval 和 MBPP 两个代码测试集上取得了准确率的新高。

在代码训练中，常用的标准代码数据集（The standard code dataset）是一个大而全的语料库，然而，通过随机抽查，可以观察到其中许多片段对于学习编程并不恰当，存在如下问题：

- 代码示例不完全独立，依赖于外部模块或文件，导致它们在没有上下文的情况下很难理解。
- 不少代码示例比较无聊，不涉及算法，比如定义常量、设置参数或配置 GUI。
- 含有算法逻辑的代码示例常常深藏在复杂或文档不完善的函数中，难以理解或学习。
- 代码示例局限于某些特定主题，导致数据集中的编程概念和技能的分布不均衡。

因为要处理噪音、歧义和不完整数据，即使是一个想学编程的真人，看到上面这些示例也会觉得质量低下难以使用，对模型来说更是如此。因此，一个简捷、自包含、有指导性且分布均衡的优秀数据集，能让语言模型更好地学习编程技能。

研究者主要使用如下 3 个数据集训练模型，训练数据的总词元数少于 7B。

- 过滤的 code-language 数据集：The Stack 和 StackOverflow 的子集，使用基于语言模型的分类器过滤（约 60 亿词元）。
- 人造教科书数据集：由 GPT-3.5 生成的 Python 数据集（少于 10 亿词元）。
- 小型的人造习题数据集：Python 练习和解答（约 1.8 亿词元）。

训练步骤如下：将前两个数据集合称为 CodeTextbooks，用于预训练，得到基模型 phi-1-base；再使用第三个人造习题数据集 CodeExercises 基于 phi-1-base 微调得到 phi-1 模型。模型性能如图 9-18 所示，使用 CodeTextbooks 预训练的模型相较原始数据集性能有所提升。虽然 CodeExercises 规模很小，但相较于仅用 CodeTextbooks 预训练的模型性能提升明显：仅 13 亿参数的预训练模型 phi-1-base 已在 HumanEval 数据集达到 29%pass@1 的性能。

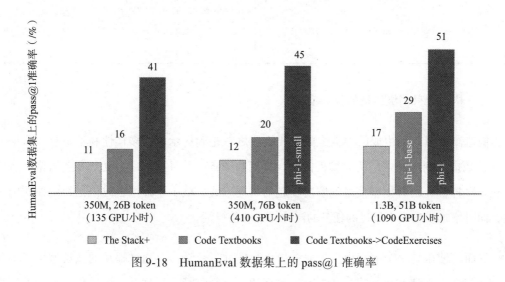

图 9-18　HumanEval 数据集上的 pass@1 准确率

下面具体讨论从已有的不完美数据中构建高质量数据的方法。

（1）构造分类器过滤 code-language 数据集

为了训练一个能评判代码教育价值的分类器，首先借助 GPT-4 对大约 10 万个样本进行了初步标注。标注使用的提示模板是"对一个要学编程的学生而言，这段代码的教育价值如何"（原文为 "determine its educational value for a student whose goal is to learn basic coding concepts"）。这些样本的来源是原始的代码数据集 The Stack 和 The StackOverflow 中的 Python 语言子集。然后使用这些标注数据训练一个随机森林分类器。下面示例展示了该分类器对于代码优劣的判断标准：

高教育价值	低教育价值

``python
def quicksort(arr):
    if len(arr) < 2:
        return arr
    pivot = arr[0]
    left = [x for x in arr[1:] if x < pivot]
    right = [x for x in arr[1:] if x >= pivot]
    return quicksort(left) + [pivot] + quicksort(right)
``
	``python
	class Point:
	    def __new__(cls, *args, **kwargs):
	        print("1. Create a new instance of Point.")
	        return super().__new__(cls)
	    def __init__(self, x, y):
	        print("2. Initialize the new instance of Point.")
	        self.x = x
	        self.y = y
	``

（2）构造教科书级质量的数据集

构造高质量代码生成的数据集的主要挑战之一是确保示例的多样性和不重复。所谓多样性，是指示例应涵盖广泛的编程概念、技能和场景，并且在难度、复杂度和风格上有所变化。多样性让语言模型接触到解决问题的不同方式，减少了过拟合或记忆特定模式的风险，同时增加模型对未见过的任务的泛化能力和鲁棒性。

然而，使用另一个语言模型生成多样化数据并不容易。仅通过提示词让模型生成编程教材或习题，即使在指令或参数上有一些变化，也很可能会得到一个同质化和冗余的数据集，其中相同的概念和解决方案反复出现，只有微小区别。这是因为语言模型在给定其训练数据和先验知识的情况下，往往会生成最常见的内容而缺乏创造力（参考 2.5 节中的贪心搜索和集束搜索）。因此，我们需要找到合适的"秘籍"，使语言模型的输出更具创造性和多样性。受之前生成短篇故事的启发，解决方案是通过在提示中加入随机选择的词汇，增加随机性，从而产生多样化的数据。

采用这种方法，首先用 GPT-3.5 生成 Python 教科书数据集，总量少于 1B 词元，主要包括高质量自然语言问题描述和相关的代码片段。生成的示例数据如下：

```
To begin, let us define singular and nonsingular matrices. A matrix is said to
be singular if its determinant is zero. On the other hand, a matrix is said to
be nonsingular if its determinant is not zero. Now, let's explore these concepts
through examples.
Example 1:
Consider the matrix A = np.array([[1, 2], [2, 4]]). We can check if this matrix
is singular or nonsingular using the determinant function. We can define a Python
function, `is_singular(A)`, which returns true if the determinant of A is zero,
and false otherwise.
import numpy as np
def is_singular(A):
    det = np.linalg.det(A)
    if det == 0:
        return True
    else:
        return False
A = np.array([[1, 2], [2, 4]])
print(is_singular(A)) # True
```

之后再用 GPT-3.5 生成 CodeExercises 数据集用于微调，它的总词元少于 1.8 亿，由 Python 习题和解答构成。每个习题都是一个待补全函数的字符串，此数据集是为了让模型对齐基于自然语言指令完成函数补全任务，引入多样性的方式是使用不同的函数名作为提示词。生成的示例数据如下：

```
def valid_guessing_letters(word: str, guesses: List[str]) -> List[str]:
    """
    Returns a list of valid guessing letters, which are letters that have not been
guessed yet and
    are present in the word.
    Parameters:
```

```
word (str): The word to guess.

guesses (List[str]): A list of letters that have already been guessed.

Returns:

List[str]: A list of valid guessing letters.

"""

valid_letters = []

for letter in word:

    if letter not in guesses and letter not in valid_letters:

        valid_letters.append(letter)

return valid_letters
```

一本精心制作的教科书可以帮助学生更好地掌握新知识，phi-1 模型的成功证明了高质量数据对于提高语言模型代码生成任务性能的重要性。通过精心打造教科书级别质量的数据，可以用 1% 的数据，训练 1/10 大小的模型，达到甚至超越之前的模型效果。

不过该研究还存在一定的局限性，比如 phi-1 模型仅限制在 Python 代码生成任务，而非通用的编程模型；模型对于提示词和自然语言指令也较为敏感，稍有变化就有可能导致完全不同的结果。

9.6　模型能力"涌现"的原因

复杂系统的涌现性质长期以来一直被各种学科中进行研究，包括物理学、生物学和数学等领域。物理学家 P. W. 安德森（P. W. Anderson）的 *More Is Different* 推崇了涌现性的概念，书中认为随着系统复杂度的增加，可能会出现新的性质，即使基于对系统微观细节的定量理解也无法预测。最近，在观察到大模型如 GPT、PaLM 和 LaMDA 展现出所谓的"涌现能力"（Emergent Ability）之后，涌现性的概念在机器学习领域引起了极大关注。

所谓涌现能力，是指这些能力在小规模模型中不存在，而仅在大规模模型中存在。涌现能力具有两个性质：

1）锐利性。似乎它们瞬间从不存在变为存在。

2）不可预测性。不知道在什么规模的模型上就突现了。

关于涌现现象相关的讨论在大模型出圈的早期一直被津津乐道，尤其是在训练出的模型能力不达预期时，会被归因为模型不够大，所以不具备这样的能力。而对涌现能力出现原因的研究对于人工智能的安全性和对齐性尤为重要，因为新出现的能力预示着更大的模型可能在某一天突然掌握危险能力。然而，涌现能力并不是大规模模型才拥有的魔法。

经过研究员的深入研究发现[145]，对于特定任务和模型，在分析模型输出时，涌现能力的出现是由于研究人员选择的评测指标，而非模型行为随着规模扩大而发生了根本性变化。具体而言，非线性或不连续的评测指标会产生明显的涌现能力，而线性或连续的度量标准会导致模型性能的平滑、连续、可预测的变化。

大模型扩展法则告诉我们，测试损失是一个关于训练集大小、参数规模及计算量的连续函数。基于此法则，可以认为对同一个模型，随着规模的扩大，对应的测试损失值也是连续降低的。

从数学角度来看，如果一个模型有 N 个参数，那么它在词元级的交叉熵损失可表示为：

$$\text{Loss}_{\text{CE}}(N) = \left(\frac{N}{c}\right)^{\alpha}$$

那么模型选择一个正确词元的概率可表示为：

$$p(\text{single token correct}) = \exp(-\text{Loss}_{\text{CE}}(N)) = \exp\left(-\left(\frac{N}{c}\right)^{\alpha}\right)$$

举个例子，如果一个指标需要模型正确选择 L 个词元，如果全部选对则记为 1，否则记为 0，那么此指标的准确率为：

$$\text{Accuracy}(N) \approx p(\text{single token correct})^{L} = \exp\left(-\left(\frac{N}{c}\right)^{\alpha}\right)^{L}$$

显然，该准确率指标随着 L 的增加而呈现非线性性质。因此，如果按该指标画出性能曲线，就会呈现锐利的、不可预测的曲线。与之对应，如果选择一个线性指标，如词元的编辑距离，它可被近似计算为：

$$\text{Accuracy}(N) \approx L \times \left(1 - p\left(\text{single token correct}\right)\right) = L \times \left(1 - \exp\left(-\left(\frac{N}{c}\right)^{\alpha}\right)\right)$$

采用这样的线性指标进行评估，模型性能就会变得平滑、连续并可预测了。

图 9-19 展示了改变模型评测指标之后，GPT-3 系列模型的涌现能力消失了。从左至右代表两个数学任务：两位数乘法任务与四位数乘法任务。显然，当使用上面的非线性指标

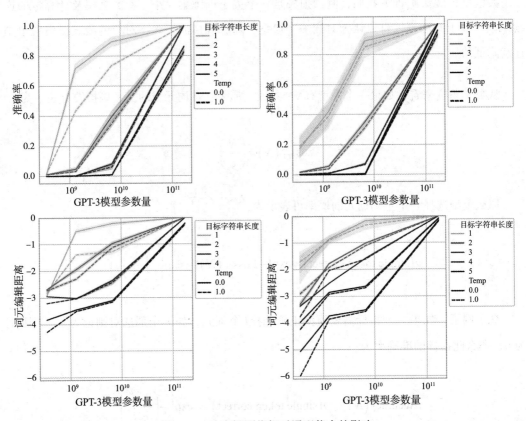

图 9-19　改变评测指标对涌现能力的影响

（如准确率）评测模型性能时，GPT-3 系列模型在较长的目标长度上呈现出锐利且不可预测的性能。当使用下面的线性指标（如词元编辑距离）评测模型性能时，模型则展示出平稳、可预测的性能改进。

此外，研究者还发现各种模型的涌现能力可以通过改变评测指标的方式诱导出来，包括全连接网络、卷积网络和自注意力网络。图 9-20 展示了自回归 Transformer 模型在 Omniglot 手写识别任务 [146] 上的效果。其中，左图是 GPT-3 在 MMLU 数据集上已发表的涌现能力结果，而右图采用重定义的非线性指标（模型将所有图像都识别正确时才定义为 1）时，模型"产生"了与左图相似的涌现能力。

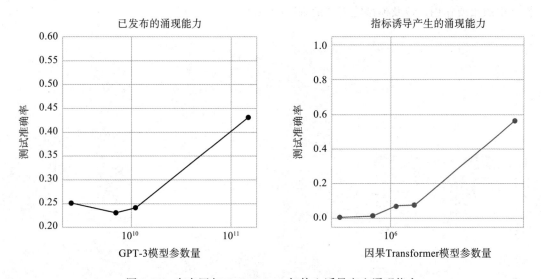

图 9-20　在自回归 Transformer 架构上诱导产生涌现能力

通过这些实验表明，涌现能力在不同的指标或更好的统计方法下会消失，涌现能力可能并非大规模模型才拥有的属性。涌现能力最常出现在不连续的多项选择任务上，它可以通过定义不连续的指标诱导产生。值得一提的是，研究者并未否认大模型不能产生涌现能力，而主要希望说明之前声称的涌现能力很可能是由于指标选择不当所引发的一种幻象。

9.7　小结

本章深入探讨了大模型的进阶优化技术和策略，它们对于实现模型效率和性能的卓越至关重要。我们首先讨论了模型小型化的不同方法，包括模型量化、知识蒸馏和参数剪枝。接着讲解了推理能力及其扩展的方案，包括思维链、零样本思维链、最少到最多提示以及结合推理和行动能力的 ReAct 模型。然后，我们介绍了代码预训练的方法，特别是 Codex 模型的训练方法、局限性以及关键技术。随后，我们探索了多模态大模型的最新发展，展示了 AI 在理解和生成多模态内容方面的潜力。最后，我们讨论了高质量数据在模型训练和性能中的重要作用，以及模型能力"涌现"的原因。

第 10 章

大模型的局限性与未来发展方向

本章将探讨大模型在当前技术发展中面临的挑战。尽管这些模型在文本生成、问答系统、语言翻译等众多领域展现出了惊人的能力，但它们仍存在一系列的局限性。

- 事实性错误，这涉及生成内容的准确性和可靠性。
- 理解和推理缺陷，这直接影响了用户对模型决策和输出的信任。
- 知识更新问题，即模型如何适应不断进步和变化的世界。
- 安全性问题，包括模型可能被滥用的风险及其对社会的潜在影响。
- 计算资源限制，特别是对于资源受限的个人用户和中小企业。

在分析了这些局限性后，本章还将展望大模型的未来发展方向，探讨如何克服现有局限并扩展其能力。我们将探讨如何实现更强的记忆功能，从通用模型向个性化模型转变。接着，我们将探讨如何赋予模型使用工具的能力，增强其实用性和效率。最后，我们将讨论多模态交互的前景，即如何使模型跨越纯文本的边界，与图像、声音等多种数据类型交互。通过这些讨论，本章旨在为读者提供一个全面的视角，理解大模型目前的局限，以及未来的发展方向和潜在的解决方案。

10.1　大模型的局限性

随着人工智能的发展，我们看到了很多精彩的进展，其中之一就是大模型的出现，如 OpenAI 的 ChatGPT。然而，即使这些模型已经在很多方面展现出了强大的能力，但是在某些方面也还存在明显的局限性。本节将分析几个主要的问题，并探讨其原因以及可能的解决方案。

10.1.1　事实性错误

大模型如 OpenAI 的 GPT 系列模型常常遇到一种称作"幻想"（Hallucination）的问题。该问题指的是 AI 模型在生成输出时，有时会创造出并不存在的信息，也就是"幻想"，这就可能导致它们提供错误的事实信息。比如，如果你问一个 GPT 模型"哪一年世界发生了核战争？"模型可能会给出一个具体的年份，比如"1962 年发生了全球性的核战争。"然而，实际上，世界上从未发生过全球性的核战争，这就是一个典型的幻想问题。该问题的成因是多样的，目前比较受认可的有以下 3 方面原因：

- 训练方式的局限性。这些模型在训练时采用的是从大量数据中寻找模式的方法，但是并不具备验证其生成的信息的能力。这就意味着即使某些信息在训练数据中并不存在，模型也可能生成这样的信息。
- 训练数据的问题。大型 AI 模型在训练时使用了大量的语言数据，这些数据并未进行事实验证，因此可能包含错误的信息。此外，数据通常来自于多个源头，因此可能在事实一致性上存在问题。
- 缺乏现实世界的常识。尽管这些语言模型已经被训练到了理解和生成人类语言的程度，但是它们并没有真实世界的经验和常识。它们不能像人类那样了解哪些事情在现实世界中是可能的，哪些是不可能的。

与其他统计模型一样，大模型本质上依赖于概率性知识，它们并不能本质上区分事实与虚构，这使得完全消除幻想极具挑战性。尽管如此，持续的技术革新和策略优化可以有效减少幻想的频率和影响，确保其在特定应用环境中维持在一个可控的水平。

以下是几种主要的解决策略，大部分已在前面章节有所提及：运用检索增强技术，整合经过验证的外部信息源，以增强模型获取准确、可靠信息的能力；运用工具使用技术，通过使用特定领域工具，辅助模型在复杂情境下作出更合理的推断和决策；强化训练数据的校验过程，采用更精确、经过严格验证的训练数据，降低错误信息生成的概率；应用思维链或 ReAct 等推理技术，促使模型进行更深层次的验证和自我反思。

10.1.2 理解和推理缺陷

尽管大模型在某些领域显示出惊人的性能，但在深层次的理解和复杂推理方面存在明显局限。它们的工作原理依赖于从大量数据中学习模式，然后将这些模式应用于新的情况来进行预测或生成响应。然而，这种依赖统计模式的方法揭示了几个固有缺陷，尤其是在逆向推理和因果推理方面。

例如，考虑模型在处理类似"A is B"形式的句子时的行为。现有研究表明，如果模型主要在这种单向关联上进行训练，它可能无法自动泛化并逆向推理出"B is A"。举个具体例子，即使模型在文本"华盛顿是美国第一任总统"上进行了训练，它可能也无法准确回答"谁是美国第一任总统？"这表明模型在从一般到特殊的推理过程中存在缺陷。同样，当模型被用于对搜索结果进行排序时，研究观察到它们倾向于优先考虑在列表中较早出现的项，这反映出模型在理解排序任务的目标和上下文方面的局限。

这些理解和推理缺陷的根本原因在于大模型的训练方式。它们通常在大量文本数据上进行预训练，然后针对特定任务进行微调。在此过程中，模型学习并内化了文本数据中的统计模式，但这并不等同于真正的理解或意识。当模型生成答案时，其过程主要是基于匹配和应用训练期间学习到的模式，而不是基于深层的理解和逻辑推理。因此，尽管模型的输出在表面上可能看起来合理，但它通常无法提供支撑这些答案的深层次逻辑或解释。

尽管对大模型进行微调可以在一定程度上提高模型的适应性和因果推理能力，但这些微调后的模型通常无法泛化到新的、未见过的任务或场景。这表明当前的训练方法仍然不足以赋予模型真正的理解和推理能力。因此，如何提高模型在这些方面的能力，特别是如何使它们能够更好地进行因果推理并保持泛化性，依然是人工智能研究中的重大挑战。

10.1.3　知识更新问题

大模型一旦训练完成，就难以融入新的信息或知识。例如，如果在模型训练完成之后，有一个重大的科学发现，或者有一个新的政策法规出台，这些模型并不能立即获知并理解这些新的信息。如果我们向大模型询问关于这些新发现或新政策的问题，它可能会给出错误的答案，因为这些新知识并没有包含在它的训练数据中。

这个问题的主要原因也是大模型的训练方式。在预训练阶段，模型会学习到训练数据中的模式和知识，但一旦预训练完成，这个模型就固定下来，无法再融入新的数据。如果要更新模型的知识，我们必须重新进行预训练，但这需要巨大的计算资源和时间，对于许多机构和个人来说是不可行的。

尽管前面章节介绍的检索增强技术能在一定程度上缓解这个问题，但这种方式将关键的思考过程交给外部检索模块，而大模型仅负责综合这些信息进行响应，无法充分发挥大模型的能力。对于这个问题，未来潜在的解决办法包括发展在线学习能力的模型，使其能在预训练后继续学习和适应新数据。比如，如果有一个新的科学发现，我们可以将相关的文章或报告输入模型中，让模型学习并理解这些新的信息。然而，这需要我们解决一些挑战，包括如何有效地更新模型的参数，如何避免遗忘之前学到的知识等。此外，另一策略是采用模块化设计，将模型分解为多个子模型，每个子模型负责一部分的知识。当有新的知识出现时，我们只需要更新相关的子模型，而不是整个模型。这种方法的挑战在于如何设计和训练这些子模型，以及如何在子模型之间有效地共享和融合知识。

10.1.4　安全性问题

一方面，大模型如 ChatGPT 能够生成高质量的文本，这使得它们可能被用来进行恶意活动，如编写虚假新闻、制造深度伪造内容或进行网络钓鱼等。例如，攻击者可能利用 ChatGPT 编写假新闻，误导公众，或者用其生成钓鱼邮件，试图获取用户的个人信息。另一方面，由于 ChatGPT 的输出是基于大量文本数据训练出来的，这引发了知识产权的问题。例如，如果 ChatGPT 生成的文本与其训练数据中的某段文本极其相似，那么是否构成了侵权行为？这是一个尚未明确的问题。

上述问题主要源于两个方面。首先，由于大模型的能力越来越强，它们生成的内容越来越接近人类的水平，这使得它们可能被用于恶意活动。其次，目前的法律框架并未对这种新的技术形态有明确的规定，导致了一系列的法律问题。

对于上述问题，未来的解决办法可能包括加强监管与实施身份验证措施以确保模型的安全使用。此外，研究和开发更强大的模型对齐或行为审计技术，将有助于检测和预防恶意使用，增强模型行为的透明度和可追溯性。同时，与法律专家、技术开发者和社会各界合作更新和完善法律框架将至关重要，以更好地适应和规范新技术的发展和应用，确保技术进步服务于社会的正义与福祉。

10.1.5　计算资源限制

在使用大模型时，往往需要大量的计算资源。以 GPT-3 为例，这款模型拥有 175B 参数，其训练需要使用成百上千张 GPU，并且需要运行数周甚至数月。对于大多数个人用户和中小企业来说，这样的计算资源是难以承受的。而在推理阶段，尽管计算资源需求相对较小，但如果我们需要对大量的输入进行推理，或者需要实时响应，所需的计算资源仍然可能超出个人或一般企业的承受范围。

大模型对计算资源的高需求主要源于其庞大的参数量和复杂的训练过程。一方面，参数量的增加意味着我们需要更多的存储空间来存储模型，更多的计算资源来处理这些参数。另一方面，训练这些模型通常需要大量的数据和复杂的优化算法，这也需要大量的计算资源。

对于这一问题，需要从算法和硬件两方面入手。在算法层面，通过设计更高效的网络结构和训练算法，或通过对模型进行裁剪和量化，可以在保持性能的同时减少参数量和计算需求。这些方法虽有潜力，但也面临挑战，如保持模型性能和处理新问题的能力。在硬件层面，利用 GPU 等提供强大并行计算能力的设备，或专为深度学习设计的专用芯片，可以加速训练和推理过程。然而，这些高端设备的成本和可访问性依然是小型机构和个人用户面临的障碍。因此，虽然有多种潜在的解决方案，但在实际应用中需要平衡性能、成本和可用性，这是一个持续的挑战和研究领域。

10.2　大模型的未来发展方向

在数字化时代，大模型已经成为技术和商业领域的焦点。这些模型在处理和生成文本方面表现出色，为市场营销人员、广告商和创业者等群体提供了强大的工具。然而，尽管大模型在许多应用中都取得了显著的成果，但它们在个性化和上下文理解方面仍然面临挑战。为了克服这些限制，研究者和开发者正在探索如何增强大模型的记忆能力，使其能够更好地理解和处理上下文信息。此外，为了使大模型能够更好地与现实世界互动，研究者正在探索如何赋予模型使用工具的能力，从而将知识转化为实际行动。这种转变不仅将使大模型更加实用，还将为其打开更广泛的应用领域。随着技术的进步，人们正朝着一个多模态的未来迈进，其中 AI 不仅能够处理文本，还能够处理音频、视觉和其他类型的数据。这种转变预示着 AI 将在未来为人们提供更加丰富和个性化的体验。

10.2.1　更强的记忆：从通用到个性化

随着大模型各个领域应用中取得了显著的成果，它们已经迅速得到了市场营销人员、广告商和创业者等群体的青睐。然而，目前大部分大模型的输出相对泛化，这使得它们在需要个性化和上下文理解的应用场景中难以发挥作用。尽管提示工程和微调可以提供一定程度的个性化，但提示工程的可扩展性较差，微调则成本较高，因为它需要重新训练模型，并且通常需要与大部分封闭源的大模型紧密合作。

上下文学习，即大模型从特定的内容、行业术语和具体场景中获取信息，是个性化输出的理想选择。为了实现这一目标，大模型需要增强其记忆能力。大模型的记忆主要包括两个部分：上下文窗口和检索。上下文窗口是模型在训练数据之外可以处理和使用的文本，而检索则是指从模型的训练数据之外的数据中检索和引用相关信息和文档。

目前，大多数大模型的上下文窗口有限，无法包含充分的信息，因此生成的输出较为泛化。但是随着上下文窗口的扩展，模型将能够处理更多的文本并更好地维持上下文，包括在对话中保持连续性。这将极大地增强模型处理需要深入理解长输入任务的能力，如总结长篇文章或在扩展对话中生成连贯和上下文准确的回应。我们已经看到上下文窗口有了显著的改进，例如 GPT-4 的上下文窗口从 GPT-3.5 和 ChatGPT 的 4k 和 16k 个词元扩展到 8k 和 32k 个词元，而 Claude 最近将其上下文窗口扩展到了惊人的 100k 个词元。

然而，仅仅扩大上下文窗口并不能充分地提高记忆能力，因为推理的成本和时间与提示的长度呈准线性或甚至二次关系。由于大模型是基于一个信息体进行训练的，并且通常很难更新，所以检索有两个主要的好处：首先，它允许模型访问训练时没有的信息来源；其次，它使模型能够将语言模型集中在与任务相关的信息上。像 Pinecone 这样的向量数据库已经成为高效检索相关信息的事实标准，并作为大模型的记忆层，使模型更容易在大量信息中快速准确地搜索和引用正确的数据。

总的来说，增加上下文窗口和检索对于企业应用场景，如导航大型知识库或复杂数据库，将是无价之宝。公司将能够更好地利用其专有数据，如内部知识、历史客户支持票据或财务结果，作为大模型的输入，而无须微调。改进大模型的记忆将导致在培训、报告、内部搜索、数据分析和商业智能以及客户支持等领域的能力得到深度定制和改进。

在消费者领域，随着上下文窗口和检索技术的改进，我们可以预见到一个强大的个性化功能的崛起，这将彻底改变用户与技术的互动方式。未来的大模型将不仅仅是回应用户的查询，而是能够深入了解用户的生活、知识和需求，为他们提供更加个性化的建议和帮助。

例如，考虑一个日常场景，用户正在为即将到来的朋友聚会做准备。通过访问用户的电子邮件和日历，模型可以知道哪些朋友将参加聚会，以及他们的饮食偏好或过敏情况。基于这些信息，模型可以为用户推荐合适的食谱，甚至帮助用户在线订购所需的食材。再比如，考虑到治疗师的情境，一个理想的模型可以深入了解患者的历史、情感和需求，从而为他们提供更加精准和有针对性的治疗建议。或者在教育领域，模型可以根据学生的学习历史和进度，为他们提供定制化的学习资源和建议，帮助他们更有效地学习。此外，模型还可以应用于其他领域，如健康管理、财务规划等，为用户提供更加全面和深入的服务。总之，随着上下文窗口和检索功能的改进，模型将能够更好地理解和满足用户的需求，为他们提供更加个性化和有针对性的服务。

10.2.2　装上"手脚"：赋予模型使用工具的能力

大模型的核心优势在于将自然语言转化为实际行动的桥梁。本书在前文已经对大模型使用工具的能力进行了介绍，虽然大模型能够深入理解并描述那些有详细文档的系统，但它们还不能直接对这些系统中的信息进行实际操作。例如，OpenAI 的 ChatGPT、Anthropic 的 Claude 可以详细描述如何预订航班，但它们本身并不能直接完成航班预订。也就是说，目前的大模型有一个理论上知识丰富的大脑，但它还缺乏将知识转化为实际操作的能力。

随着时间的推移，各大公司不断提高大模型使用工具的能力。像微软、Google 这样的老牌公司和像 Perplexity、You.com 这样的初创公司推出了搜索 API。AI21 Labs 推出了 Jurassic-X，它通过将模型与一组预定的工具（包括计算器、天气 API、wiki API 和数据库）结合起来，解决了独立大模型的许多缺陷。OpenAI 测试了允许 ChatGPT 与 Expedia、OpenTable、Wolfram、Instacart、Speak、网络浏览器和代码解释器等工具互动的插件，这一动作被比作 Apple 的"App Store"时刻。更近期，OpenAI 在 GPT-3.5 和 GPT-4 中引入了函数调用，允许开发者将 GPT 的功能链接到他们想要的任何外部工具。

通过将知识挖掘转变为实际行动，为大模型增加"手脚"功能将为各种公司和用户解锁众多应用场景。例如，对于消费者，未来的大模型不仅可以为用户提供食谱建议，还能自动为用户订购所需的食材，或者为用户推荐一个适合的早午餐地点并自动预订位置。在企业应用中，通过集成大模型，应用程序的使用将变得更加直观和简单。只需用自然语言描述，复杂的操作也能轻松实现。例如，对于企业资源计划（ERP）软件，用户可以直接用自然语言描述他们想要的更改，然后模型会自动完成这些更改，大大简化了操作流程。此外，还有一些初创公司正在研究如何将这种技术集成到更多的复杂工具中。

但这只是开始，随着技术的进步，大模型定能更加灵活地使用各种工具。尽管初期的模型可能存在局限性，但随着时间的推移，期待能够创建出一个真正理想的系统，只需简单地描述工具的功能和使用方法，模型就能够自如地操作它。这种自动化的能力不仅将推动技术领域的进步，而且为我们打开了一个全新的领域：实时感知和处理现实世界信息的"具身 AI"。

这样的 AI 能够实时感知和理解其周围的环境，并根据收集到的数据进行策略调整。例如，在自动驾驶汽车中，AI 需要能够实时感知路况，预测其他车辆的行为，并为车辆选择最佳的行驶路线。在智能家居系统中，如果 AI 能够实时感知房间的温度、光线等环境因素，并根据用户的习惯进行调整，那么我们的生活将变得更加智能和舒适。

10.2.3 多模态交互：穿越文本的边界

尽管许多用户觉得聊天界面直观且有趣，但我们必须认识到，人们在日常生活中听和说的频率远高于读和写。这意味着仅仅依赖文本的 AI 系统其实是有局限性的。为了突破这一限制，多模态交互应运而生，它能够跨越音频、视频等多种格式，为用户提供更加丰富的互动体验。例如，现有的模型如 GPT-4 以及本书前文介绍的多模态大模型已经能够处理图像，尽管正在快速进化，但这些功能仍处于初级阶段。目前，大多数模型在处理非文本信息时仍然相对"盲目"，但随着技术的进步，这一局面正在发生变化。

随着大模型对多模态交互的深入理解，它们不仅可以与现有的图形用户界面（如浏览器）进行互动，还能为用户提供更加沉浸式的体验。想象一下，未来的 AI 不仅可以帮助书写文本，还可以进行音频或视频聊天，提供更加生动的学习体验，甚至合作创作音乐或电影剧本。这种多模态交互为娱乐、教育和创意产业带来了无限的可能性。

多模态交互还为 AI 与各种工具和设备的集成提供了新的机会。不再局限于通过 API 与软件交互，AI 将能够直接操作为人类设计的各种工具，无论是办公软件、医疗设备，还是先进的制造机械。例如，有些先进的模型已经可以处理医学图像，如乳腺 X 光片。展望未来，随着计算机视觉技术的集成，我们可以期待 AI 在机器人、自动驾驶车辆等领域中与真实世界进行更加紧密的互动。

另外，随着模型规模的日益扩大，我们面临着所谓的"词元危机"（Token-Crisis），即现有的主要依赖文本的训练数据在数量和类型上都开始显得不足。例如，LLaMA-65B 模型就使用了 1.4T 词元进行训练，预计在不久的将来，全球所有的数据集将被模型训练耗尽。因此，模型训练需要更多元化的训练数据，包括图像、视频、声音等非文本数据。以图像为例，计算机视觉已经是一个成熟的研究领域，如果能将这些图像数据直接用于大模型的训练，模型的视觉理解能力将得到极大的提升。此外，无监督学习等深度学习方法也为我们提供了利用海量未标注数据的可能性。

总的来说，大模型的发展正面临着从文本到多模态的转变，实现与现实世界的实时交互，以及寻找更丰富多样的训练数据等挑战。期待这些转变可以带来 AI 的全面进步，开创新的可能性。

10.3　小结

大模型的进步和发展为人们打开了无数的可能性。从初步的文本交互到多模态交互，从泛化到更加精细和个性化的输出，这标志着 AI 技术的一个重要转折点。此外，随着技术的进步，未来的 AI 预计将与真实世界更紧密地互动，为人们提供更加沉浸式的体验。无论是企业应用还是消费者服务，AI 的全面进步都将带来前所未有的机会和挑战。我们期待这一技术的持续发展，以及它为生活和工作带来的变革。

参考文献

[1] BENGIO Y, DUCHARME R, VINCENT P. A neural probabilistic language model[J]. Advances in neural information processing systems, 2000, 13: 932-938.

[2] HORNIK K, STINCHCOMBE M, WHITE H. Multilayer feedforward networks are universal approximators[J]. Neural networks, 1989, 2(5): 359-366.

[3] MIKOLOV T, SUTSKEVER I, CHEN K, et al. Distributed representations of words and phrases and their compositionality[J]. Advances in neural information processing systems, 2013, 26: 3111-3119.

[4] VASWANI A, SHAZEER N, PARMAR N, et al. Attention is all you need[J]. Advances in neural information processing systems, 2017, 30: 5998-6008.

[5] OpenAI. GPT-4 technical report[EB/OL]. (2023)[2024-04-24]. https://arxiv.org/abs/2303.08774.

[6] VILLALOBOS P, SEVILLA J, HEIM L, et al. Will we run out of data? an analysis of the limits of scaling datasets in machine learning[EB/OL]. arXiv preprint arXiv. (2022)[2024-04-24]. https://arxiv.org/abs/2211.04325.

[7] RADFORD A, KIM J W, XU T, et al. Robust speech recognition via large-scale weak supervision[C]// International Conference on Machine Learning, 2023: 28492-28518.

[8] TOUVRON H, MARTIN L, STONE K, et al. LLaMA 2: open foundation and fine-tuned chat models[EB/OL]. arXiv preprint arXiv. (2023)[2023-10-30]. https://arxiv.org/abs/2307.09288.

[9] CUI Y, YANG Z, YAO X. Efficient and effective text encoding for chinese LLaMA and Alpaca[EB/OL]. arXiv preprint arXiv. (2023)[2024-06-01]. https://arxiv.org/abs/2304.08177.

[10] TAORI R, GULRAJANI I, ZHANG T, et al. Stanford Alpaca: an instruction-following LLaMA model[EB/OL]. GitHub repository. GitHub. (2023)[2024-06-01]https://crfm.stanford.edu/2023/03/13/alpaca.

[11] ZHENG L, CHIANG W L, SHENG Y, et al. Judging LLM-as-a-judge with MT-Bench and Chatbot Arena[EB/OL]. arXiv preprint arXiv. (2023)[2023-10-26]. https://arxiv.org/abs/2306.05685.

[12] WANG H, LIU C, XI N, et al. Huatuo: tuning LLaMA model with chinese medical knowledge[EB/OL]. arXiv preprint arXiv: 2304.06975. (2023)[2024-04-24]. https://arxiv.org/abs/2304.06975.

[13] HUANG Q, TAO M, AN Z, et al. Lawyer LLaMA technical report[EB/OL]. arXiv preprint arXiv. (2023)[2024-06-01].https://arxiv.org/abs/2305.15062.

[14] SUTSKEVER I, VINYALS O, LE Q V. Sequence to sequence learning with neural networks[J]. Advances in neural information processing systems, 2014, 27: 3104-3112.

[15] BAHDANAU D, CHO K H, BENGIO Y. Neural machine translation by jointly learning to align and translate[C]//3rd International Conference on Learning Representations, 2015.

[16] MNIH V, HEESS N, GRAVES A, et al. Recurrent models of visual attention[J]. Advances in neural information processing systems, 2014, 27: 2204-2212.

[17] VASWANI A, SHAZEER N, PARMAR N, et al. Attention is all you need[J]. Advances in neural information processing systems, 2017, 30: 5998-6008.

[18] SU J, AHMED M, LU Y, et al. Roformer: enhanced transformer with rotary position embedding[J]. Neurocomputing, 2023: 127063.

[19] TOUVRON H, LAVRIL T, IZACARD G, et al. LLaMA: open and efficient foundation language models[EB/OL]. arXiv preprint arXiv. (2023)[2024-04-24]. https://arxiv.org/abs/2302.13971.

［20］ZENG A, LIU X, DU Z, et al. GLM-130b: an open bilingual pre-trained model[EB/OL]. arXiv preprint arXiv: 2210.02414.(2022)[2024-06-01].https://arxiv.org/abs/2210.02414.

［21］DU Z, QIAN Y, LIU X, et al. GLM: general language model pretraining with autoregressive blank infilling[C]//Proceedings of the 60th Annual Meeting of the Association for Computational Linguistics (Volume 1: Long Papers), 2022: 320-335.

［22］SENNRICH R, HADDOW B, BIRCH A. Neural machine translation of rare words with subword units[C]//Proceedings of the 54th Annual Meeting of the Association for Computational Linguistics (Volume 1: Long Papers), 2016: 1715.

［23］RADFORD A, NARASIMHAN K, SALIMANS T, et al. Improving language understanding by generative pre-training[EB/OL].(2023)[2024-04-24].https://openai.com/research/language-unsupervised.

［24］RADFORD A, WU J, CHILD R, et al. Language models are unsupervised multitask learners[EB/OL]. OpenAI blog. (2019)[2024-06-01].https://openai.com/index/better-language-models/.

［25］LIU Y, OTT M, GOYAL N, et al. Roberta: a robustly optimized bert pretraining approach[EB/OL]. arXiv preprint arXiv. (2019)[2024-06-01].https://arxiv.org/abs/1907.11692.

［26］LEWIS M, LIU Y, GOYAL N, et al. BART: denoising sequence-to-sequence pre-training for natural language generation, translation, and comprehension[C]//Proceedings of the 58th Annual Meeting of the Association for Computational Linguistics, 2020: 7871-7880.

［27］HE P, LIU X, GAO J, et al. Deberta: decoding-enhanced BERT with disentangled attention[C]// International Conference on Learning Representations, 2020.

［28］WU Y, SCHUSTER M, CHEN Z, et al. Google's neural machine translation system: bridging the gap between human and machine translation[EB/OL]. arXiv preprint arXiv. (2016)[2024-06-01]. https://arxiv.org/abs/1609.08144.

［29］SANH V, DEBUT L, CHAUMOND J, et al. DistilBERT, a distilled version of BERT: smaller, faster, cheaper and lighter[J]. arXiv preprint arXiv. (2019)[2024-06-01].https://arxiv.org/abs/1910.01108.

［30］SUN Z, YU H, SONG X, et al. MobileBERT: a compact task-agnostic BERT for resource-limited devices[C]//Proceedings of the 58th Annual Meeting of the Association for Computational Linguistics, 2020: 2158-2170.

[31] KUDO T. Subword regularization: improving neural network translation models with multiple subword candidates[C]//Proceedings of the 56th Annual Meeting of the Association for Computational Linguistics (Volume 1: Long Papers), 2018: 66-75.

[32] LAN Z, CHEN M, GOODMAN S, et al. ALBERT: a lite BERT for self-supervised learning of language representations[C]//International Conference on Learning Representations, 2019.

[33] CHIPMAN H A, GEORGE E I, MCCULLOCH R E, et al. mBART: multidimensional monotone BART[J]. Bayesian analysis, 2022, 17(2): 515-544.

[34] KUDO T, RICHARDSON J. SentencePiece: a simple and language independent subword tokenizer and detokenizer for neural text processing[C]//Proceedings of the 2018 Conference on Empirical Methods in Natural Language Processing: System Demonstrations, 2018: 66-71.

[35] HOLTZMAN A, BUYS J, DU L, et al. The curious case of neural text degeneration[C]//International Conference on Learning Representations, 2019.

[36] RAJPURKAR P, ZHANG J, LOPYREV K, et al. SQuAD: 100,000+ questions for machine comprehension of text[C]//Proceedings of the 2016 Conference on Empirical Methods in Natural Language Processing, 2016: 2383-2392.

[37] WILLIAMS ADINA AND NANGIA N and B S. A broad-coverage challenge corpus for sentence understanding through Inference[C/OL]//Proceedings of the 2018 Conference of the North American Chapter of the Association for Computational Linguistics: Human Language Technologies, Volume 1 (Long Papers). Association for Computational Linguistics, 2018: 1112-1122. [2024-06-01]http://aclweb.org/anthology/N18-1101.

[38] WANG A, SINGH A, MICHAEL J, et al. GLUE: a multi-task benchmark and analysis platform for natural language understanding[C]//International Conference on Learning Representations, 2018.

[39] KENTON J D M W C, TOUTANOVA L K. BERT: pre-training of deep bidirectional transformers for language understanding[C]//Proceedings of NAACL-HLT, 2019: 4171-4186.

[40] LIU Y, OTT M, GOYAL N, et al. Roberta: a robustly optimized bert pretraining approach[EB/OL]. arXiv preprint arXiv.(2019)[2024-06-01].https://arxiv.org/abs/1907.11692.

[41] MIKOLOV T, SUTSKEVER I, CHEN K, et al. Distributed representations of words and phrases and their compositionality[J]. Advances in neural information processing systems, 2013, 26: 3111-3119.

[42] PENNINGTON J, SOCHER R, MANNING C D. Glove: global vectors for word representation[C]// Proceedings of the 2014 Conference on Empirical Methods in Natural Language Processing, 2014: 1532-1543.

[43] PETERS M E, NEUMANN M, IYYER M, et al. Deep contextualized word representations[C/OL]//Proceedings of the 2018 Conference of the North American Chapter of the Association for Computational Linguistics: Human Language Technologies, Volume 1 (Long Papers). Association for Computational Linguistics, 2018: 2227-2237. [2024-06-01]https://aclanthology.org/N18-1202. DOI: 10.18653/v1/N18-1202.

[44] YIN P, NEUBIG G, YIH W tau, et al. TaBERT: pretraining for joint understanding of textual and tabular data[C]//Proceedings of the 58th Annual Meeting of the Association for Computational Linguistics, 2020: 8413-8426.

[45] LI L H, YATSKAR M, YIN D, et al. VisualBERT: a simple and performant baseline for vision and language[J]. arXiv preprint arXiv.(2019)[2024-06-01].https://arxiv.org/abs/1908.03557.

[46] CARUANA R. Multitask learning[J]. Machine learning, 1997, 28: 41-75.

[47] ZHANG Y, YANG Q. A survey on multi-task learning[J]. IEEE Transactions on Knowledge and Data Engineering, 2021, 34(12): 5586-5609.

[48] RUDER S. An overview of multi-task learning in deep neural networks[EB/OL]. arXiv preprint arXiv.(2017)[2024-06-01].https://arxiv.org/abs/1706.05098.

[49] RAFFEL C, SHAZEER N, ROBERTS A, et al. Exploring the limits of transfer learning with a unified text-to-text transformer[J]. The journal of machine learning research, 2020, 21(1): 5485-5551.

[50] HOWARD J, RUDER S. Universal language model fine-tuning for text classification[C]//

Proceedings of the 56th Annual Meeting of the Association for Computational Linguistics (Volume 1: Long Papers), 2018.

[51] ROYLE J A, DORAZIO R M, LINK W A. Analysis of multinomial models with unknown index using data augmentation[J]. Journal of computational and graphical statistics, 2007, 16(1): 67-85.

[52] KOCH G, ZEMEL R, SALAKHUTDINOV R, et al. Siamese neural networks for one-shot image recognition[C]//ICML deep learning workshop: Vol. 2, 2015.

[53] BROWN T, MANN B, RYDER N, et al. Language models are few-shot learners[J]. Advances in neural information processing systems, 2020, 33: 1877-1901.

[54] LIU P, YUAN W, FU J, et al. Pre-train, prompt, and predict: a systematic survey of prompting methods in natural language processing[J]. ACM computing surveys, 2023, 55(9): 1-35.

[55] LESTER B, AL-RFOU R, CONSTANT N. The power of scale for parameter-efficient prompt tuning[C]//Proceedings of the 2021 Conference on Empirical Methods in Natural Language Processing, 2021: 3045-3059.

[56] SHRIDHAR K, STOLFO A, SACHAN M. Distilling multi-step reasoning capabilities of large language models into smaller models via semantic decompositions[EB/OL]. arXiv preprint arXiv. (2022)[2024-06-01].https://arxiv.org/abs/2212.00193.

[57] LI S, CHEN J, SHEN Y, et al. Explanations from large language models make small reasoners better[EB/OL]. arXiv preprint arXiv. (2022)[2024-06-01].https://arxiv.org/abs/2210.06726.

[58] ZHAO Z, WALLACE E, FENG S, et al. Calibrate before use: improving few-shot performance of language models[C]//International Conference on Machine Learning, 2021: 12697-12706.

[59] DELÉTANG G, RUOSS A, DUQUENNE P A, et al. Language modeling is compression[EB/OL]. arXiv preprint arXiv. (2023)[2024-01-01]. https://arxiv.org/abs/2309.10668.

[60] ASKELL A, BAI Y, CHEN A, et al. A general language assistant as a laboratory for alignment[EB/OL]. arXiv preprint arXiv. (2021)[2023-10-30]. https://arxiv.org/abs/2112.00861.

[61] THOPPILAN R, DE FREITAS D, HALL J, et al. Lamda: language models for dialog

applications[EB/OL]. arXiv preprint arXiv. (2022)[2023-10-30]. https://arxiv.org/abs/2201.08239.

[62] OUYANG L, WU J, JIANG X, et al. Training language models to follow instructions with human feedback[J]. Advances in neural information processing systems, 2022, 35: 27730-27744.

[63] BAI Y, JONES A, NDOUSSE K, et al. Training a helpful and harmless assistant with reinforcement learning from human feedback[EB/OL]. arXiv preprint arXiv. (2022)[2023-10-30]. https://arxiv.org/abs/2204.05862.

[64] WANG Y, KORDI Y, MISHRA S, et al. Self-instruct: aligning language models with self-generated instructions[C/OL]//Proceedings of the 61st Annual Meeting of the Association for Computational Linguistics (Volume 1: Long Papers). Toronto, Canada: Association for Computational Linguistics, 2023: 13484-13508. [2024-06-01]https://aclanthology.org/2023.acl-long.754. DOI:10.18653/v1/2023.acl-long.754.

[65] GLAESE A, MCALEESE N, TREBACZ M, et al. Improving alignment of dialogue agents via targeted human judgements[EB/OL]. arXiv preprint arXiv. (2022)[2023-10-30]. https://arxiv.org/abs/2209.14375.

[66] SCHULMAN J, WOLSKI F, DHARIWAL P, et al. Proximal policy optimization algorithms[EB/OL]//arXiv preprint arXiv. (2017)[2023-10-30]. https://arxiv.org/abs/1707.06347.

[67] LEE H, PHATALE S, MANSOOR H, et al. Rlaif: scaling reinforcement learning from human feedback with ai feedback[EB/OL]. arXiv preprint arXiv. (2023)[2024-06-01]. https://arxiv.org/abs/2309.00267.

[68] RAFAILOV R, SHARMA A, MITCHELL E, et al. Direct preference optimization: your language model is secretly a reward model[EB/OL]. arXiv preprint arXiv. (2023)[2024-06-01].https://arxiv.org/abs/2305.18290.

[69] PAPINENI K, ROUKOS S, WARD T, et al. BLEU: a method for automatic evaluation of machine translation[C/OL]//Proceedings of the 40th Annual Meeting of the Association for Computational Linguistics. Philadelphia, Pennsylvania, USA: Association for Computational Linguistics, 2002: 311-318. [2024-06-01]https://aclanthology.org/P02-1040. DOI:10.3115/1073083.1073135.

[70] LIN C Y. ROUGE: a package for automatic evaluation of summaries[C/OL]//Text Summarization

Branches Out. Barcelona, Spain: Association for Computational Linguistics, 2004: 74-81. [2024-06-01]https://aclanthology.org/W04-1013.

[71] CHEN M, TWOREK J, JUN H, et al. Evaluating large language models trained on code[EB/OL]. arXiv preprint arXiv. (2021)[2024-06-01]. https://arxiv.org/abs/2107.03374.

[72] HENDRYCKS D, BURNS C, BASART S, et al. Measuring massive multitask language understanding[C]//International Conference on Learning Representations, 2020.

[73] COBBE K, KOSARAJU V, BAVARIAN M, et al. Training verifiers to solve math word problems[EB/OL]//arXiv preprint arXiv: 2110.14168. (2021)[2023-12-12]. https://arxiv.org/abs/2110.14168.

[74] HUANG Y, BAI Y, ZHU Z, et al. C-eval: a multi-level multi-discipline chinese evaluation suite for foundation models[EB/OL]. arXiv preprint arXiv. (2023)[2024-06-01]. https://arxiv.org/abs/2305.08322.

[75] WENZEK G, LACHAUX M A, CONNEAU A, et al. CCNet: extracting high quality monolingual datasets from web crawl data[C]//Proceedings of the Twelfth Language Resources and Evaluation Conference, 2020: 4003-4012.

[76] PATEL J M, PATEL J M. Introduction to common crawl datasets[J]. Getting structured data from the internet: running web crawlers/scrapers on a big data production scale, 2020: 277-324.

[77] BIDERMAN S, BICHENO K, GAO L. Datasheet for the pile[EB/OL]. arXiv preprint arXiv: 2201.07311. (2022)[2024-06-01].https://arxiv.org/abs/2201.07311.

[78] CLEMENT C B, BIERBAUM M, O'KEEFFE K P, et al. On the use of arxiv as a dataset[EB/OL]//arXiv preprint arXiv: 1905.00075. (2019)[2024-04-24]. https://arxiv.org/abs/1905.00075.

[79] YUAN S, ZHAO H, DU Z, et al. WuDaoCorpora: a super large-scale chinese corpora for pre-training language models[J/OL]. AI Open, 2021, 2: 65-68. [2024-06-01]https://www.sciencedirect.com/science/article/pii/S2666651021000152. DOI: https://doi.org/10.1016/j.aiopen.2021.06.001.

[80] LIN J, MEN R, YANG A, et al. M6: a chinese multimodal pretrainer[EB/OL]. arXiv preprint arXiv. (2021)[2024-06-01].https://arxiv.org/abs/2103.00823.

［81］ GERLACH M, FONT-CLOS F. A standardized project gutenberg corpus for statistical analysis of natural language and quantitative linguistics[J]. Entropy (Basel, Switzerland), 2020, 22(1): 126.

［82］ NIJKAMP E, PANG B, HAYASHI H, et al. CodeGen: an open large language model for code with multi-turn program synthesis[C]//The Eleventh International Conference on Learning Representations, 2022.

［83］ TAYLOR R, KARDAS M, CUCURULL G, et al. Galactica: a large language model for science[EB/OL]. arXiv preprint arXiv. (2022)[2024-06-01].https://arxiv.org/abs/2211.09085.

［84］ CUI J, LI Z, YAN Y, et al. Chatlaw: open-source legal large language model with integrated external knowledge bases[EB/OL]. arXiv preprint arXiv. (2023)[2024-06-01].https://arxiv.org/abs/2306.16092.

［85］ SMITH S, PATWARY M, NORICK B, et al. Using deepspeed and megatron to train megatron-turing nlg 530b, a large-scale generative language model[EB/OL]. arXiv preprint arXiv. (2022)[2024-06-01].https://arxiv.org/abs/2201.11990.

［86］ KAPLAN J, MCCANDLISH S, HENIGHAN T, et al. Scaling laws for neural language models[EB/OL]. arXiv preprint arXiv. (2020)[2024-06-01].https://arxiv.org/abs/2001.08361.

［87］ HOFFMANN J, BORGEAUD S, MENSCH A, et al. An empirical analysis of compute-optimal large language model training[J]. Advances in neural information processing systems, 2022, 35: 30016-30030.

［88］ HUANG Y, CHENG Y, BAPNA A, et al. Gpipe: efficient training of giant neural networks using pipeline parallelism[J]. Advances in neural information processing systems, 2019, 32.

［89］ NARAYANAN D, HARLAP A, PHANISHAYEE A, et al. PipeDream: generalized pipeline parallelism for DNN training[C/OL]//Proceedings of the 27th ACM Symposium on Operating Systems Principles. New York, NY, USA: Association for Computing Machinery, 2019: 1-15. [2024-06-01]https://doi.org/10.1145/3341301.3359646. DOI:10.1145/3341301.3359646.

［90］ ZHANG S, ROLLER S, GOYAL N, et al. Opt: open pre-trained transformer language models[EB/OL]. arXiv preprint arXiv.（2022）[2024-06-01].https://arxiv.org/abs/2205.01068.

［91］SMOLA A, NARAYANAMURTHY S. An architecture for parallel topic models[J/OL]. Proceedings of the VLDB endowment, 2010, 3(1-2): 703-710. [2024-06-01]https://doi. org/10.14778/1920841.1920931.

［92］MICIKEVICIUS P, NARANG S, ALBEN J, et al. Mixed precision training[C]//International Conference on Learning Representations, 2018.

［93］DAO T, FU D, ERMON S, et al. Flashattention: fast and memory-efficient exact attention with io-awareness[J]. Advances in neural information processing systems, 2022, 35: 16344-16359.

［94］RAJBHANDARI S, RASLEY J, RUWASE O, et al. Zero: memory optimizations toward training trillion parameter models[C]//SC20: International Conference for High Performance Computing, Networking, Storage and Analysis, 2020: 1-16.

［95］REN J, RAJBHANDARI S, AMINABADI R Y, et al. {ZeRO-Offload}: democratizing {Billion-Scale} model training[C]//2021 USENIX Annual Technical Conference (USENIX ATC 21), 2021: 551-564.

［96］RAJBHANDARI S, RUWASE O, RASLEY J, et al. Zero-infinity: breaking the GPU memory wall for extreme scale deep learning[C]//Proceedings of the International Conference for High Performance Computing, Networking, Storage and Analysis, 2021: 1-14.

［97］WU S, IRSOY O, LU S, et al. Bloomberggpt: a large language model for finance[EB/OL]. arXiv preprint arXiv. (2023)[2024-06-01].https://arxiv.org/abs/2303.17564.

［98］DING N, QIN Y, YANG G, et al. Parameter-efficient fine-tuning of large-scale pre-trained language models[J]. Nature machine intelligence, 2023, 5(3): 220-235.

［99］ZHANG X, YANG Q, XU D. XuanYuan 2.0: a large chinese financial chat model with hundreds of billions parameters[EB/OL]. arXiv preprint arXiv. (2023)[2024-06-01].https://arxiv.org/abs/2305.12002.

［100］HU Z, LAN Y, WANG L, et al. LLM-adapters: an adapter family for parameter-efficient fine-tuning of large language models[EB/OL]. arXiv preprint arXiv. (2023)[2024-06-01].https://arxiv.org/abs/2304.01933.

［101］LESTER B, AL-RFOU R, CONSTANT N. The power of scale for parameter-efficient prompt tuning[C]//Proceedings of the 2021 Conference on Empirical Methods in Natural Language Processing, 2021: 3045-3059.

[102] LI X L, LIANG P. Prefix-tuning: optimizing continuous prompts for generation[EB/OL]. arXiv preprint arXiv. (2021)[2024-06-01].https://arxiv.org/abs/2101.00190.

[103] HU E J, SHEN Y, WALLIS P, et al. LoRA: low-rank adaptation of large language models[EB/OL]. arXiv preprint arXiv. (2021)[2024-06-01].https://arxiv.org/abs/2106.09685.

[104] CHEN Y, QIAN S, TANG H, et al. LongLoRA: efficient fine-tuning of long-context large language models[EB/OL]. arXiv preprint arXiv. (2023)[2024-06-01].https://arxiv.org/abs/2309.12307.

[105] DETTMERS T, PAGNONI A, HOLTZMAN A, et al. Qlora: efficient finetuning of quantized llms[EB/OL]. arXiv preprint arXiv. (2023)[2024-06-01].https://arxiv.org/abs/2305.14314.

[106] PHANG J, MAO Y, HE P, et al. Hypertuning: toward adapting large language models without back-propagation[C]//International Conference on Machine Learning, 2023: 27854-27875.

[107] LEWIS P, PEREZ E, PIKTUS A, et al. Retrieval-augmented generation for knowledge-intensive nlp tasks[J]. Advances in neural information processing systems, 2020, 33: 9459-9474.

[108] CUCONASU F, TRAPPOLINI G, SICILIANO F, et al. The power of noise: redefining retrieval for RAG systems[J]. arXiv preprint arXiv:2401.14887, 2024.

[109] IZACARD G, GRAVE E. Leveraging passage retrieval with generative models for open domain question answering[C/OL]//Proceedings of the 16th Conference of the European Chapter of the Association for Computational Linguistics: Main Volume. Online: Association for Computational Linguistics, 2021: 874-880. [2024-06-01]https://aclanthology.org/2021.eacl-main.74. DOI:10.18653/v1/2021.eacl-main.74.

[110] KARPUKHIN V, OGUZ B, MIN S, et al. Dense passage retrieval for open-domain question answering[C/OL]//Proceedings of the 2020 Conference on Empirical Methods in Natural Language Processing (EMNLP). Online: Association for Computational Linguistics, 2020: 6769-6781. [2024-06-01]https://aclanthology.org/2020.emnlp-main.550. DOI:10.18653/v1/2020.emnlp-main.550.

[111] NAKANO R, HILTON J, BALAJI S, et al. WebGPT: browser-assisted question-answering

with human feedback[EB/OL]. arXiv preprint arXiv. (2021)[2024-06-01].https://arxiv.org/abs/2112.09332.

[112] GUU K, LEE K, TUNG Z, et al. REALM: retrieval-augmented language model pre-training[C]// Proceedings of the 37th International Conference on Machine Learning, JMLR.org, 2020.

[113] LIN S, HILTON J, EVANS O. Truthfulqa: measuring how models mimic human falsehoods[EB/OL]. arXiv preprint arXiv. (2021)[2024-01-23]. https://arxiv.org/abs/2109.07958.

[114] SCHICK T, DWIVEDI-YU J, DESS\'\I R, et al. Toolformer: language models can teach themselves to use tools[EB/OL]. arXiv preprint arXiv. (2023)[2023-10-27]. https://arxiv.org/abs/2302.04761.

[115] WANG L, MA C, FENG X, et al. A survey on large language model based autonomous agents[EB/OL]. arXiv preprint arXiv. (2023)[2024-06-01].https://arxiv.org/abs/2308.11432.

[116] LI C, CHEN H, YAN M, et al. ModelScope-agent: building your customizable agent system with open-source large language models[EB/OL]. arXiv preprint arXiv. (2023)[2024-06-01]. https://arxiv.org/abs/2309.00986.

[117] DETTMERS T, LEWIS M, BELKADA Y, et al. LLM.int8(): 8-bit matrix multiplication for transformers at Scale[EB/OL]. arXiv preprint arXiv. (2022)[2024-06-01]. http://arxiv.org/abs/2208.07339.

[118] JIAO X, YIN Y, SHANG L, et al. TinyBERT: distilling BERT for natural language understanding[C]//Findings of the Association for Computational Linguistics: EMNLP 2020. 2020, 4163-4174.

[119] MISHRA A, LATORRE J A, POOL J, et al. Accelerating sparse deep neural networks[EB/OL]. arXiv preprint arXiv. (2021)[2023-11-02].https://arxiv.org/abs/2104.08378.

[120] FRANTAR E, ALISTARH D. Optimal brain compression: a framework for accurate post-training quantization and pruning[J]. Advances in neural information processing systems, 2022, 35: 4475-4488.

[121] HUBARA I, CHMIEL B, ISLAND M, et al. Accelerated sparse neural training: a provable and efficient method to find n: m transposable masks[J]. Advances in neural information processing

systems, 2021, 34: 21099-21111.

[122] FRANTAR E, ALISTARH D. SparseGPT: massive language models can be accurately pruned in one-shot[C]//International Conference on Machine Learning, 2023: 10323-10337.

[123] BENGIO Y, OTHERS. From system 1 deep learning to system 2 deep learning[C]//Neural Information Processing Systems, 2019.

[124] WEI J, WANG X, SCHUURMANS D, et al. Chain-of-thought prompting elicits reasoning in large language models[J]. Advances in neural information processing systems, 2022, 35: 24824-24837.

[125] ROY S, ROTH D. Solving general arithmetic word problems[EB/OL]. arXiv preprint arXiv. (2016) [2024-06-01]. https://arxiv.org/abs/1608.01413.

[126] THOPPILAN R, DE FREITAS D, HALL J, et al. Lamda: language models for dialog applications[J]. arXiv preprint arXiv. (2022)[2024-06-01].https://arxiv.org/abs/2201.08239.

[127] CHOWDHERY A, NARANG S, DEVLIN J, et al. Palm: scaling language modeling with pathways[EB/OL]. arXiv preprint arXiv. (2022)[2024-06-01].https://arxiv.org/abs/2204.02311.

[128] KOJIMA T, GU S S, REID M, et al. Large language models are zero-shot reasoners[J]. Advances in neural information processing systems, 2022, 35: 22199-22213.

[129] ZHOU D, SCHÄRLI N, HOU L, et al. Least-to-most prompting enables complex reasoning in large language models[C]//The Eleventh International Conference on Learning Representations, 2022.

[130] YAO S, ZHAO J, YU D, et al. React: synergizing reasoning and acting in language models[EB/OL]. arXiv preprint arXiv.(2022)[2024-06-01].https://arxiv.org/abs/2210.03629.

[131] ZAN D, CHEN B, ZHANG F, et al. Large language models meet NL2Code: a survey[C]//Proceedings of the 61st Annual Meeting of the Association for Computational Linguistics (Volume 1: Long Papers), 2023: 7443-7464.

[132] LU J, BATRA D, PARIKH D, et al. Vilbert: pretraining task-agnostic visiolinguistic representations for vision-and-language tasks[J]. Advances in neural information processing systems, 2019, 32: 13-23.

[133] RADFORD A, KIM J W, HALLACY C, et al. Learning transferable visual models from natural language supervision[C]//International Conference on Machine Learning, 2021: 8748-8763.

[134] CHEN J, GUO H, YI K, et al. VisualGPT: data-efficient adaptation of pretrained language models for image captioning[C]//Proceedings of the IEEE/CVF Conference on Computer Vision and Pattern Recognition, 2022: 18030-18040.

[135] TSIMPOUKELLI M, MENICK J L, CABI S, et al. Multimodal few-shot learning with frozen language models[J]. Advances in neural information processing systems, 2021, 34: 200-212.

[136] DRIESS D, XIA F, SAJJADI M S M, et al. Palm-e: an embodied multimodal language model[EB/OL]. arXiv preprint arXiv. (2023)[2024-06-01].https://arxiv.org/abs/2303.03378.

[137] WANG W, BAO H, DONG L, et al. Image as a foreign language: BEiT pretraining for vision and vision-language tasks[C]//Proceedings of the IEEE/CVF Conference on Computer Vision and Pattern Recognition, 2023: 19175-19186.

[138] ALAYRAC J B, DONAHUE J, LUC P, et al. Flamingo: a visual language model for few-shot learning[J]. Advances in neural information processing systems, 2022, 35: 23716-23736.

[139] HOFFMANN J, BORGEAUD S, MENSCH A, et al. Training compute-optimal large language models[EB/OL]. arXiv preprint arXiv. (2022.)[2024-06-01].https://arxiv.org/abs/2203.15556.

[140] ZHU D, CHEN J, SHEN X, et al. MiniGPT-4: enhancing vision-language understanding with advanced large language models[EB/OL]. arXiv preprint arXiv. (2023)[2024-06-01].https://arxiv.org/abs/2304.10592.

[141] KÖPF A, KILCHER Y, VON RÜTTE D, et al. Openassistant conversations-democratizing large language model alignment[J]. Advances in neural information processing systems, 2024, 36: 47669-47681.

[142] CHUNG H W, HOU L, LONGPRE S, et al. Scaling instruction-finetuned language models[EB/OL]. arXiv preprint arXiv. (2022)[2024-06-01].https://arxiv.org/abs/2210.11416.

[143] ZHOU C, LIU P, XU P, et al. Lima: less is more for alignment[EB/OL]. arXiv preprint arXiv. (2023)[2024-06-01].https://arxiv.org/abs/2305.11206.

［144］GUNASEKAR S, ZHANG Y, ANEJA J, et al. Textbooks are all you need[EB/OL]. arXiv preprint arXiv. (2023)[2024-06-01].https://arxiv.org/abs/2306.11644.

［145］SCHAEFFER R, MIRANDA B, KOYEJO S. Are emergent abilities of large language models a mirage?[J]. Advances in neural information processing systems, 2024, 36: 55565-55581.

［146］LAKE B M, SALAKHUTDINOV R, TENENBAUM J B. Human-level concept learning through probabilistic program induction[J]. Science, 2015, 350(6266): 1332-1338.